DE L'ÉTAT
DE L'AGRICULTURE
CHEZ LES ROMAINS.

DE L'ÉTAT
DE L'AGRICULTURE

CHEZ LES ROMAINS,

Depuis le commencement de la République jufqu'au fiécle de Jules-Céſar, relativement au Gouvernement, aux Mœurs & au Commerce.

DISSERTATION

Qui a obtenu l'*Acceſſit* du Prix de l'Académie Royale des Infcriptions & Belles-Lettres, en 1776.

Par M. ARCERE,

Prêtre de l'Oratoire, Correſpondant de l'Académie.

A PARIS,

Chez AUGUSTIN-MARTIN LOTTIN l'aîné,
Imprimeur - Libraire du ROI & de la VILLE,
rue Saint-Jacques, au Coq & au Livre d'or.

___

M. DCC. LXXVII.

Avec Approbation, & Permiſſion du Sceau.

PLAN DE LA DISSERTATION.

Premiere Partie.

État de l'Agriculture, relativement au Gouvernement.

Seconde Partie.

État de l'Agriculture, relativement aux Mœurs.

Troisieme Partie.

État de l'Agliculture, relativement au Commerce.

Notes.

TABLE ALPHABÉTIQUE

des Auteurs cités dans cette Dissertation.

Alexander ab Alexandro.
Genialium Dier. Libr. 6.
Amyot. (Jacques)
Trad. Fr. de Plutarque.
Balduinus.
De Conſtantini Legibus.
Bletterie. (Jean Philippe
René de la)
Trad. Fr. de Tacite.
Bondaroi. (M. de)
Ruines d'Herculanum.
Bouchaud. (M. Matthieu
Antoine)
Traité concernant les
Marchandiſes chez les
Romains.
Briſſonius. . . . . . .
De ritu Nuptiarum.
Callymachus.
Hymni græcè.
Capmartin. (M.)
Maiſon de Campagne
d'Horace.
Cato. (Marcus - Porcius)
De Re Ruſticâ.
Catrou. (François)
Trad. Fr. de Virgile.
Caylus. (Philippe-Claude
Anne, Comte de)
Antiquités Egyptiennes.
Cicero. (M. Tullius)
De Legibus. —Officiis.
—Republicâ. —Senectute.
—Epiſtolæ ad Atticum.

—Ad Familiares. —Ad
Quintum Fratrem. —In
Verrem. —Pro Roſcio.
—Pro Sexto.
Columella. (Junius-Mo-
deratus)
De Re Ruſticâ.
Dacier. (André)
Trad. Franç. d'Horace.
*Dalecampius ou Dale-
champs.* (Jacobus)
Verſio latina Athenæi.
Diodorus Siculus.
Bibliotheca Hiſtorica.
Dionyſius Halicarnaſſ.
Antiquitates Romanæ.
Dupinet. (Antoine)
Traduction Françoiſe
de Pline.
Dupuis. (M.) Secret. de
l'Acad. des Inſcript.
Diſſertation Académiq.
Eraſmus. (Deſiderius)
Adagiorum Epitome.
Florus. (Lucius-Annæus)
Hiſtor. Rom. Epitome.
Goëſius. (Wilhelmus)
Emendationes in Au-
tores Rei Agrariæ.
Gutherius. (Jacobus)
De veteri Jure Pontificio
urbis Romæ.

Herodianus.
Hiſtoriarum Libr.
Horatius-Flaccus. (Quin-
tus)
Epiſt. Ode. Satyr.
Huet. (Pierre-Daniel)
Hiſtoire du Commerce
des Anciens.
Hyginus.
De Limitibus conſti‑
tuendis.
Juſtinus.
Hiſtoriarum Libr.
Juvenalis. (D. Junius)
Satyræ.
Livius. (Titus)
Hiſtoriarum Decades.
Lucanus. (M. Annæus)
Pharſalia.
Manutius. (Paulus)
De Legibus Roman.
Martialis. (Valerius)
Epigrammata.
Monteſquieu. (Charles
Sécondat , Baron de)
L'Eſprit des Loix.
Montfaucon. (Bernard de)
l'Antiquité expliquée.
Montgault. (Nicolas-
Hubert de)
Trad. Fr. des Lettres de
Cicéron à Atticus.
Ovidius-Naſo. (Publius)
De Arte amandi. —De
Nuce. —De Remedio
Amoris. — Faſtor.
—Metamorphoſ.
Pancirolus. (Guidus)
Comment. in notitiam
utriuſque Imperii.
Paterculus. (Velleius)
Hiſtoria Romana.
Perrault. (Charles)
Trad. Fr. de Vitruve.

Perſius. (Aulus)
Satyræ.
Phædrus.
Fabulæ.
Plautus. (M. Accius)
Aſinaria. —Aulularia.
—Captivi —Mercator.
—Pſeudolus.
Plinius Secundus. (Caïus)
Hiſt. Natural. Libr. 37.
Plinius, Junior (Cæcilius)
Epiſtolæ.
Panegyr. Trajani.
Polibyus Lycorta.
Hiſtoriar. Libr.
Propertius. (Sextus - Au-
relius)
Elegiæ.
Rapin. (René)
Hortorum Libr. IV.
Rivallius & non *Rivellius.*
(Aimarus)
De XII Tabul.
Roſinus. (Joannes)
Animadverſiones in Cor-
pus Antiquit. Roman.
à Paulo Manutió.
Saci. (Louis de)
Traduct. Fr. des Lettres
de Pline le jeune.
Salluſtius. (C. Criſpus)
In Catilinam.
In Jugurtham.
Sanadon. (Noël-Eſtienne)
Traduct. Françoiſe des
Œuvres d'Horace.
Saulx. (M. du)
Traduct. Françoiſe de
Juvénal.
Schott. (André)
Notes ſur Denys d'Ha-
licarnaſſe.
Seneca. (Lucius-Annæus)
De Beneficiis.

Servius.   (Honoratus -
   Maurus)
   Comment. in Virgi-
   lium.
Severus.   (Publius-Cor-
   nelius)
   Ætna.
Siculus Flaccus.
   De conditionibus Agro-
   rum.
Strabo.
   Rerum   Geographica-
   rum , Libri 17.
Suetonius   Tranquillus
   (Caïus)
   XII. Cæsares.
Sylvius Clarus.
   Comment. ad leges tàm
   Regias quàm XII Ta-
   bularum.
Tacitus. (Cornelius)
   Annales.

Theil. (M. du)
   Hymn. de Callymaque.
Tibullus. (Albius)
   Elegiæ.
Valerius-Maximus.
   De Dictis & Factis me-
   morabilibus.
Varro. (Marcus - Teren-
   tius)
   De Re Rustica.
   De Lingua Latina.
Virgilius-Maro (Publius)
   Æneid.
   Eclog.
   Georgic.

Vitruvius Pollio. (M.)
   De Architectura Libri X.
   ANONYMES.

   Rei Agrariæ Autores.
   Hist. Naturalis Vete-
   rum.

E R R A T A.

¶ Cet Ouvrage n'ayant pas été imprimé sous les yeux
de l'Auteur , malgré l'attention qu'on a portée dans la
correction des Epreuves , il est échappé plusieurs fautes
dont voici le relevé.

Page,	Ligne,	Au lieu de,	Lisez :
5	18	cœperat,	ceperat ,
6	21	Laripennis,	Aripennis
11	20	Dii	Dî
11	23	Pan curat	. . . . Pan curat
12	27	Dii	Dî
21	25	Domum pedes	Domum , pedes
22	6	cueillir	ramasser
33	28	Corba	turba
35	1	Viateur	Licteur
61	26	volut	volunt
89	2	Notitid	Notitia

DISSERTATION

DISSERTATION
SUR LA QUESTION

Propofée par l'Académie Royale des Infcriptions & Belles-Lettres, pour le Prix de l'Année 1776 : *Quel étoit l'état de l'Agriculture chez les Romains, depuis le commencement de la République juf-qu'au fiécle de Jules-Céfar, relativement au Gouvernement, aux Mœurs & au Commerce.*

LES hommes, épars fur la furface de la terre, ifolés, fans demeure fixe, ne jouirent d'abord que d'une pénible

A

exiftence : ils croiffoient dans les bois;
& , pour ne pas mourir de faim , ils
vivoient de plantes infipides & de
fruits fauvages : ils alloient même au
loin & dans les forêts , déclarer la
guerre aux animaux qui pouvoient
leur fervir de nourriture & de vête-
ment.

Soit que ces hommes fuiviffent les
fecretes infpirations de la Nature pour
les douceurs de la Société ; foit qu'ils
compriffent que l'homme n'eft rien
par lui-même , & qu'il ne peut avoir
de jouiffances que par ce qui l'en-
toure, je veux dire, par fes femblables,
ils fe raffemblèrent enfin dans l'enceinte des Villes , dont ils jettèrent
les fondements. Ce nouveau féjour
devint pour eux un centre d'union
& un afyle affuré.

Mais ils ne devoient pas compter,
pour vivre , fur des fubfiftances ca-
fuelles , que le hazard ne préfentoit

pas toujours. Il fallut donc ouvrir le sein de la terre, & la forcer à répandre les trésors de sa fécondité. Les nœuds de la Société naissante, ne pouvoient avoir, sans ce secours, ni stabilité, ni consistance. L'Agriculture devoit en être le premier lien, & en prolonger la durée.

A peine Rome sort de son berceau que ses nouveaux habitants deviennent Agricoles par nécessité.

Quel fut chez ce peuple célébre, l'état de l'Agriculture jusqu'à Jules-César, relativement au Gouvernement, aux Mœurs & au Commerce ?

Quelle fut l'influence réciproque des travaux de la Campagne sur ces divers objets, & de ces objets importants sur les travaux de la Campagne ?

Quels furent les rapports qui les lioient ensemble, & dont il faut démêler ici l'enchaînement ?

Tel eſt le ſujet propoſé, & qu'il eſt queſtion d'enviſager ſous les différents points de vue indiqués par une ſçavante Compagnie.

PREMIERE PARTIE.

ÉTAT DE L'AGRICULTURE,
relativement au Gouvernement.

LES premiers soins du Fondateur de Rome s'étendirent sur la Culture des terres. C'est ce qui fait la base du Corps politique. Romulus, ayant divisé ses Concitoyens en trois classes, sous le nom de Tribus, & sous-divisé ces Tribus en trente Curies, partagea les champs en autant de parts qu'il y avoit de Curies; & chaque individu, par un (1) autre partage, obtint une portion de terre. Chacun devint ainsi Agricole & Propriétaire d'une étendue de quatre arpents, ou deux jugères (2).

1° Influence du Gouvernement sur l'Agriculture.

Dionysii Halicarnass. Gracè & Latinè. Lipsiæ. 1691. fol. Cicero. Varro. Juvenalis.

---

(1) Ac primus agros quos Bello Romulus cœperat, divisit viritìm Civibus. *Cic. de Republica, Libr.* 1.

(2) Quantùm attinet ad Antiquos nostros ante Bellum Punicum, pendebant bina jugera, quòd à Romulo primùm divisa dicebantur viritìm. *Varro de re Rusticâ, Libr.* 1. *Cap.* 10.

Tandem pro multis vix jugera bina dabantur Vulneribus. *Juvenal. Satyr.* 14. *Libr.* 5.

A iij

Les Rois, fucceffeurs de Romulus, fentirent une vérité gravée dans l'efprit avec les crayons de la Nature. Ils comprirent que la fin qu'on fe propofe en établiffant une Société, devoit être l'intérêt public; qu'il n'étoit pas poffible d'atteindre à ce but, fans mettre les Sujets à couvert de la mifère; & que l'unique moyen d'écarter ce fléau redoutable, étoit de forcer la terre à faire naître l'abondance.

Numa, qui fit briller fur le trône ces qualités pacifiques & bienfaifantes, qui font la gloire du Souverain & le bonheur des Peuples, Numa s'appliqua principalement à former les Romains aux travaux du

---

Le *jugerum* étoit une étendue de terre de 240 pieds de long, & de 120 de largeur. *Rei Agrariæ auctores* .. 1674. *in-4°. Ordinis finitiones* ... *Laripennis, arpent. five actus femi-jugerum explet Romanum. Goefius.* Ibid. .. *Semi-jugerum Aripennum Galli vocant. Columella.* Les *bina jugera* faifoient donc quatre arpents. Aujourd'hui notre arpent eft de 100 perches quàrrées, chacune de 22 pieds; en certains endroits de 18: par conféquent de 32400, ou de 48400 pieds quarrés. Le *jugerum* des Romains n'étoit que de 22800. Ainfi il étoit moindre que notre arpent, loin d'en être le double; même en fuppofant le pied Romain égal au nôtre.

Labour. Comme il poſſédoit le génie de l'adminiſtration, il porta ſes vues plus haut & plus loin que ſon pré-déceſſeur. Il ordonna donc qu'un certain nombre de familles compoſe-roient un canton, ſous l'inſpection d'un Citoyen, qui devoit préſider au maintien du bon ordre, tenir regiſtre de ce qui ſe paſſeroit dans ſon arrondiſſement, & inſcrire ſur-tout les noms des Cultivateurs actifs & ceux des négligents. Le Prince donnoit des éloges aux laborieux efforts des uns ; &, d'un ton de ſévérité, il blâmoit la pareſſe des autres, & la corrigeoit même par des peines.

Dionyſ. Halic. p. 135.

Tullus Hoſtilius ne s'écarta pas des vues du ſage Numa. Il donna des terres du Domaine Royal à des Plé-béïens, ſans biens, forcés d'être jour-naliers pour vivre. Tullus eut des guerres à ſoutenir ; & la guerre ſe combine mal avec l'Agriculture. Ses Sujets s'accoutumèrent trop au métier ſanguinaire des armes. Animés par le butin, ils furent alors bien plus Sol-dats que Laboureurs.

Idem, p. 137, *pag.* 172. *libr.* 3.

Ancus Martius, qui prit les rênes
du Gouvernement après Tullus Hoſtilius , n'oublia rien pour ramener
les Romains à l'Agriculture.

Idem, Ibid.

Servius Tullius, à ſon avenement à la
Couronne , trouva les Loix ſur le partage des terres, extrêmement négligées:
il les raffermit par de nouvelles Loix.
Comme le nombre des habitants groſ-
ſiſſoit de jour en jour, la politique
judicieuſe de Servius abandonna gé-
néreuſement aux pauvres une partie des terres de l'Etat. Ce Prince
avoit pour maxime qu'un homme
ſans biens eſt un homme ſans patrie, & qu'il ne peut avoir les ſen-
timents d'un vrai Citoyen. En effet
il faut avoir des foyers pour avoir le
courage de les défendre. Défend on les
droits d'autrui avec la même ardeur ?

Idem, Ibid.

Servius Tullius porta même la pré-
voyance au point de faire élever dans
chaque Canton , des enceintes for-
tifiées , où le Colon pût mettre ſa
perſonne & ſes denrées à couvert
d'une incurſion ſubite de la part de
l'ennemi.

Les Conſuls Junius - Brutus &

P. Valerius, après l'expulsion de Tarquin le Superbe, firent part aux Citoyens, sans propriété, des biens ruraux, lesquels avoient appartenu à ce Roi & aux Conjurés qui s'étoient ligués pour le replacer sur le Trône.

Idem, p. 277. libr. 5.

L'an de Rome 287, quarante-deux ans après l'institution du Consulat, mêmes soins & mêmes attentions de la part du Sénat envers les pauvres. Les Consuls Tib. Æmilius & Q. Fabius leur distribuèrent les champs des Volsques & des Antiates vaincus.

Idem, p. 615. libr. 9.

Ce n'étoit pas assez pour les progrès de l'Agriculture que de donner des terres à cultiver; il falloit rendre cette profession respectable, & la faire aimer par ceux qui l'exerçoient. Les idées religieuses servirent ici la Politique. On fit entendre au Peuple que les Dieux s'intéressoient aux travaux de la Campagne; qu'ils présidoient aux diverses opérations des Cultivateurs, & aux différentes productions de la terre. Ces muets agens qui travaillent, sourdement & comme sous le voile, à l'accroissement des plantes & des arbres, se trouvèrent ainsi divinisés. Ce préjugé dut naturellement donner à des hommes grossiers une haute idée de leur métier champêtre, & les encourager à le faire valoir. La Religion est fort propre à tracer dans les esprits des idées profondes & pompeuses.

L'erreur n'étoit pas nouvelle; mais Numa s'en servit pour l'exécution de ses desseins. Tite-Live (3) nous apprend que cet habile Législateur, pour se rendre maître des esprits, feignoit un commerce intime entre lui & la Nymphe Egérie; qu'il annonçoit au Peuple les prétendus ordres de la Déesse, qui n'étoient que les siens propres : il remuoit ainsi les ames foibles, toujours plus ébranlées par un faux merveilleux, que par des raisons solides, parce qu'elles sentent plus qu'elles ne pensent.

---

(3) Omnium primam rem ad multitudinem imperitam efficacissimam ad deorum metum injiciendum ratus est, qui cum descendere ad animos sine aliquo commento miraculi non posset, simulat sibi cum Deâ Egeriâ congressus nocturnos esse. *T. Liv. Libr.* 1. *Voyez Denys d'Halicarnasse, Livr.* 2.

Jupiter, suivant l'opinion commune (4), adoptée par le Gouvernement, fut le premier qui fit connoître aux hommes le labourage. Parmi les Dieux & les Déesses, les uns faisoient croître les plantes qu'on ne seme pas ; les autres faisoient tomber ces pluies douces qui donnent de la fécondité aux grains ensemencés. Pan veilloit à la sûreté des troupeaux & des Bergers.

Le peuplier (5) étoit consacré à Hercule, la vigne à Bacchus, l'olivier à Minèrve, le laurier à Apollon. Les Jardins étoient sous la protection de Priape. Diane étoit la Souveraine des Montagnes & des Bois.

----

(4) Ante jovem nulli subigebant arva coloni.
Virg. Georgic. Libr. 1.
Diique Deæque omnes studium quibus arva tueri,
Quique novas alitis nullo de semine fruges,
Quique satis largum cœlo demittitis imbrem.
Idem. Ibid. Libr. 1.
Pan curat oves oviumque magistros.
Virg. Eclog. 2. . . .

(5) Et ruber, hortorum decus & tutela, Priapus.
Ovid. Fastor. Libr. 1.
Populus Alcidæ gratissima, vitis Iaccho.
Virg. Eclog. 7.
Montium custos nemorumque Virgo.
Horat. Ode 16. *Libr.* 1.

On rendit un culte public à ces Divinités champêtres ; des Fêtes furent instituées en leur honneur.

Alexander ab Alex. Genial. dierum. libr. 2. Les Robigales instituées par Numa : l'objet de cette Fête, étoit de demander par des prières que les grains fussent préservés de la niéle & de la grêle.

Les Florales, à l'effet d'obtenir pour les arbres une pousse vigoureuse, & la maturité des fruits.

Varro, de linguâ Lat. libr. 5. Les Vinales, désignées par le Flamendialis ou Prêtre de Jupiter, lequel ouvroit lui-même les vendanges par l'immolation d'un agneau.

Les Ambulales (6), ou Processions solemnelles autour des champs.

Les Terminales, Sacrifices annuels qui se faisoient sur les bornes des possessions rurales.

Alexander, libr. 2. Les Palides à *partu pecorum*, parce qu'on y rendoit graces à la Déesse Palès de la fecondité des troupeaux.

---

(6)   Et cùm solemnia vota
Reddemus Nymphis, & cùm lustrabimus agros.
Virg. Eclog. 5.
Dii Patrii purgamus agros, purgamus agrestes.
Tibull. Libr. 1. *Eleg.* 1.

Les Paganales inftituées par Servius Tullius, & folemnifées après les femailles.

Les Fornacales, en faveur de la Déeffe des Fours : les Laboureurs la fupplioient de fécher le bled au dégré précis (7) de chaleur, qui fit évaporer le trop d'humidité des grains fans les brûler.

On faifoit encore des Prières publiques (8), lorfqu'un excès de féchereffe faifoit tout craindre pour la récolte. Les Pontifes traînoient dans les rues une efpéce de pierre révérée fous le nom de *Manale facrum.*

Les Loix vinrent à l'appui de la Religion en faveur de l'Agriculture. On établit les Féries nundinales ou Féries ruftiques (9), fuivant Macrobe,

Gutherius.

---

(7) Facta Dea eft fornax; læti fornace Coloni
Orant ut fruges temperet illa fuas.
Ovid. Faftor. Libr. 1.

(8) Cùm ob nimiam ficcitatem pluviæ pofcerentur, Manali facro quod dictum eft à Manali lapide quem Pontifices trahebant extra portam Capenam, juxta ædes Martis. *Gutherius de veteri jure Pontificio urbis Romæ. Paris*, 1612. *in-*4°.

(9) Sic habet Feftus : Nundinas Feriarum diem effe voluerunt Antiqui, ut ruftici convenirent mercandi vendendique causâ , eumque nefaftum , ne fi liceret cum populo agi, interpellarentur *Nundinatores.* Cum

Feriæ rusticorum. Ces Féries ainsi nommées *à nono die*, parce qu'elles revenoient de neuf en neuf jours, furent instituées pour la commodité des gens de la Campagne, qui ne pouvoient souvent interrompre le cours de leurs travaux. Il n'étoit pas permis ce jour là de convoquer le peuple pour les affaires publiques ; ce qui auroit troublé ou même arrêté les marchés. Ces Féries nundinales furent d'abord des jours Néfastes ; c'est-à-dire, des jours auxquels le Tribunal du Préteur étoit fermé ; mais la Loi Hortensia les déclara jours Fastes : en effet, il étoit expédient pour les Campagnards de pouvoir ce jour là même, poursuivre une Audience, obtenir un Jugement, ou se défendre en Justice.

La cessation du travail, aux jours

Sylvius Clarus.

Rosinus.

---

populo agitur cùm aliquid illius suffragiis impetrandum est. *Sylvii Clari Comment. ad leges tam Regias quam* XII *Tabularum. Paris,* 1603. *in-*4°.

Lege Hortensiâ effectum est ut Fasta essent nundinæ ut rustici qui nundinandi causâ in urbem veniebant lites componerent. *Rosinus Antiq.* **Rom.** *Libr.* 4. **Cap.** 17.

de Fêtes (10), ne s'étendoit point fur ces opérations ordonnées par le moment, & qui doivent être brufquées pour éviter de grands malheurs. Le Droit public, dit Virgile, admet cette exception. Le Pontife Scévola, étant interrogé fur l'obfervation des Fêtes, fit cette fage réponfe : « Il » eft permis de faire tout ce qui » porteroit préjudice, fi on ne le » faifoit pas ».

De tous les Réglements que firent les Romains pour l'encouragement de l'Agriculture, il n'y en eut pas de plus utile que celui du partage des terres. Les Loix Agraires durent leur origine au Fondateur de Rome, lequel diftribuoit à fes Sujets une partie des terres conquifes. Ce plan, après fa mort, fut adopté. Le defir de devenir Propriétaires, déterminoit fur-tout les pauvres à fe ranger fous fes Drapeaux. Cette flatteufe efpé-

---

(10)   Quin etiàm feftis quædam exercere diebus
       Fas & jura finunt... *Georgic. Libr.* 1.

.. Narrant Scevolam confultum quid Feriis agere liceret ? Refpondiffe quod prætermiffum noceret. *Balduinus de Conftantini Legibus. Bafilea,* 1556. *p.* 209.

rance (11) les appelloit aux combats, & les en faisoit revenir presque toujours vainqueurs.

C'étoit avec toute la pompe militaire qu'ils étoient mis en possession d'un champ qui leur étoit assigné. Voilà ce qui les faisoit concourir aux vues des Chefs avec plus d'ardeur, & avec cette activité constante qu'un Gouvernement éclairé sçavoit encourager. Il en résultoit plus de gloire pour la Patrie, des avantages réels pour les Particuliers, & un nouvel accroissement de culture. Aussi-tôt la coignée abattoit les arbres, & la charrue préparoit la moisson. Si les Loix Agraires firent naître dans la suite tant de troubles dans la République, elles n'en furent que l'occasion & non la cause. Les passions corrompent tout; elles changent le bien en mal; la régle qu'elles font fléchir, devient abus.

---

(11) Multis legionibus contigit Bellum feliciter transigere & ad gloriosam Agriculturæ requiem primo tyrocinii gradu pervenire, cum signis & aquilâ & primis Ordinibus & Tribunis deducebantur. *Hyginus.* . Porro illæ res non modò milites reddunt strenuos, sed & Agricolas admodùm diligentes. *Goesius, p.* 61. *Rei Agrariæ Autores.*

Il

Il fallut, dans le partage des terres, déterminer l'étendue des anciennes possessions & des nouvelles. Il n'étoit pas juste que les uns s'agrandissent toujours aux dépens des autres. On pensa donc à rétablir une sorte d'égalité pour le bien de l'Agriculture. On étoit convaincu, d'après l'expérience, que l'homme, à mesure qu'il devient riche, s'amollit infailliblement; qu'il n'a plus le même courage ni la même force pour supporter les fatigues d'une vie laborieuse; que les Domaines possédés par les grands Propriétaires, doivent être moins soignés que le Domaine d'un Particulier dont la fortune est bornée:

> Laudato ingentia rura;
> Exiguum colito.

Virgilius.
Georg. lib. 2.

En effet les soins des premiers sont trop étendus pour ne pas s'affoiblir à mesure qu'ils s'étendent ; s'ils négligent quelques parties, leur bienêtre n'en souffre pas; mais les besoins du petit Propriétaire, toujours renaissants, l'aiguillonnent sans cesse, & redoublent ses efforts pour le travail. *Manutius.* Tel fut l'esprit de la Loi Licinia.

Cette Loi défendit aux Particuliers (12), d'avoir en leur poſſeſſion plus de cinq cents jugères de l'ancien Domaine de la République. Injonction aux Commiſſaires pour le partage des terres, d'adjuger ſept jugères au moins. Il étoit encore défendu d'avoir plus de cent bêtes à cornes, & plus de cinq cents têtes de menu bétail.

La Loi Sempronia ordonna de plus qu'on rembourſeroit aux anciens poſſeſſeurs, le prix des terres dont la diſtribution ſeroit faite.

Les Loix Plotia & Flavia ajoutoient à ces diſpoſitions (13), que ſi l'on aimoit mieux ne pas évincer les poſſeſſeurs, on employeroit les re-

------

(12) *Loix de Sextus Licinius Stolo, Tribun. . . .* Ejus lege nemini ultra quingenta agri jugera, neque pecoris majoris ultra centum, minoris ultra quingenta capita licuit habere. *Paul. Manut. de Legibus Roman.* p. 156.

(13) Quidquid ſupra modum præſcriptum habuerit, reſtituto pretio, ei aufertor. Pauperibuſque qui agrum non habent, dividitor... Utraque Lex hoc videtur ſanxiſſe ut vel agri quos à Senatu locupletes emiſſent, redditâ poſſeſſoribus pecuniâ, quæ ex novis vectigalibus per quinquennium reciperetur, emerentur, & plebi quæ agros non haberet, partirentur. *Idem.*

venus fur les nouveaux impôts pendant cinq ans, à l'achat des terres dont on projettoit la diftribution. Il eft fait mention de la première de ces Loix dans les Lettres de Cicéron à Atticus. (14) Ce grand homme étoit d'avis qu'elle fût mife à exécution, parce qu'on feroit défricher par ce moyen les endroits les plus déferts de l'Italie, en envoyant tout ce qu'il y avoit à Rome de plus vil en genre de Plébéien.

Numa Pompilius, qui n'avoit rien oublié pour entretenir l'harmonie entre les divers Ordres de l'Etat, avoit prévu qu'il s'éléveroit des conteftations entre des Colons trop voifins; & que dans la chaleur des querelles, ils pourroient fe caufer réciproquement du dommage. Il ordonna qu'on traceroit une ligne de démarcation pour féparer un champ d'avec un

---

(14) Satisfaciebam emptione quâ conftitutâ diligenter, & fentinam urbis exhauriri & Italiæ folitudinem frequentari poffe arbitrabar. *Cic. Lib.* I. *Epift.* 19. *On ne trouve rien de cette Loi Plotia dans aucun Auteur. Pighius conjecture qu'elle fut propofée vers l'an 655, par A. Plotius Sylvanus, Tribun. L'Abbé Mongault, fur cette Lettre.*

Dion. Ha-
licarnaff.
liv. 2.

autre; qu'on y enfonceroit des blocs de pierre, ou des piéces de bois; que si quelqu'un ofoit les déplacer, ou les enlever, fa tête feroit dévouée au Dieu Terminal; enfin que le meurtrier de ce Citoyen facrilége ne feroit pas regardé comme coupable d'un homicide.

Pour infpirer une frayeur religieufe à ceux qui, par l'enlévement d'une borne, ufurperoient des fillons fur leurs voifins, on poſoit les bornes avec un grand appareil de cérémonies. On faifoit des onctions fur les pierres; on les couvroit d'un voile, & l'on plaçoit au-deffus une couronne de fleurs. Une victime étoit immolée fur la foffe qui devoit recevoir la borne; le fang couloit dans ce creux, où l'on jettoit, en même temps, des torches allumées, de l'encens, des fruits, des gâteaux de miel, & du vin.

Rei Agra-
ria Aut. Si-
culus Flac-
cus de con-
ditionibus
Agrorum.
p. 5.

A la Loi qui défendoit, fous les peines les plus rigoureufes, l'enlévement d'une borne, les rédacteurs (15)

---

(15) Et ad jus commune fpectavit illa Lex. Item XII

des Loix des XII Tables, en ajoutè-
rent une nouvelle concernant les en-
tours de la séparation des champs. Il *Manutius.*
devoit y avoir entre les limites un
espace déterminé. Si c'étoit une haye
qui formât la séparation des champs,
elle ne devoit pas déborder du côté
du voisin ; si c'étoit un mur, il falloit
laisser, ce que nous appellons le pied
de l'échelle ; deux pieds pour une
maison : pour un fossé autant de pieds
qu'il y avoit de profondeur ; vrai-
semblablement pour prévenir l'ébou-
lement des terres , d'autant plus su-
jettes à s'écrouler, qu'elles sont moins
soutenues, eû égard à la profondeur.

Quant aux arbres, on prescrivoit
neuf pieds de distance pour un olivier
ou pour un figuier, & cinq pieds pour
les autres arbres. Dans les contesta-
tions au sujet de ces cinq pieds, on *Manutius.*
Balduinus.
ne pouvoit faire valoir (16) l'usuca-

Tabularum , ut siquis sæpem in confinio poneret , ter-
minum non excederet ; si murum , pedem relinqueret ;
si domum pedes duos ; si foveam , quantùm ad pro-
fundum esset, si olivam ficumve , pedes novem. *Ma-*
nutius , p. 218.

(6) In controversia de finibus quinque pedum
usucapio nulla erat. *Manutius , p.* 218.

pion ou preſcription contre le De-
mandeur. C'étoit là une queſtion de
fait (17) & non de droit. Il étoit permis
au Propriétaire d'un arbre, dont les
fruits étoient tombés (18) ſur le champ
voiſin, de les cueillir ſans oppoſition.

Rivellius.

Rei Agrar.
Autores.

La Loi Manilia confirmoit la diſ-
poſition des Loix (19) des XII Tables,
au ſujet des cinq pieds abſolument
néceſſaires aux Laboureurs, pour faire
tourner la charrue pouſſée juſqu'à
l'extrêmité du ſillon.

S'il reſtoit après le partage des
terres un excédent (20) de terrein,

Hyginus
Ibidem.

on l'abandonnoit aux Colons les plus
proches pour en jouir en commun;

---

(17) Magis facti quam juris queſtio erat. *Balduinus*,
p. 222.

(18) Glandem in alienum fundum decidentem col-
ligere fas eſto. *XII Tabul. Rivellius, fol. 5, cap. xiv.*

(19) De fine Lex Manilia quinque pedum latitudinem præſcribit, quoniam latitudinem iter ad culturas
accedentium occupat, vel circum actus aratri. *Rei*
Agraria Aut. p. 182.

(20) Hæc variis nominibus per regiones nominan-
tur, in Etruria *Communalia* vocantur; &, cùm plus
terræ quàm datum erat, ſupereſſet, proximis poſſeſſoribus datum in commune nomine *Compaſcuorum.* Ibid.
Hyginus de limitibus conſtituendis, p. 192.

c'eſt ce qu'on appelloit *Compaſcua*, Communaux.

On lit dans une ancienne Loi (21) : « Que ce champ ſerve de Commune ; » que perſonne ne ſe l'approprie, & » n'empêche qui que ce ſoit d'y faire » paître ſes beſtiaux ».

Il étoit encore défendu de prendre (22) en gage une charrue pour ſûreté d'un prêt ou d'une dette. *Balduinus.*

On avoit pourvu à la ſûreté des gens de la Campagne, leſquels fréquentoient les forêts & les chemins écartés. Le ſçavant Rychius prouve que, dès le temps de l'ancienne République, il exiſtoit en Italie un Département, *Provincia*, qu'on appelloit *Sylvæ & Calles*, (Inſpection des Forêts & des Sentiers) ; qu'on donnoit quelquefois ce Département aux Conſuls. Cette commiſſion avoit pour objet *Voyez le Livr.* 4 *des* Annales de Tacite, *par* M. de la B léterie, *vol.* 2. *p.* 285.

---

(21) Ager. compaſcunt. eſto. neive. quaſi. in eo agro. agrum. occûpatum. habeto. neive. defendito. quominus. quei. velit. compaſcere liceat. *Hyginus,* p. 333. *Rei Agrar. Autores.*

(22) Sanè Quintilianus ipſe, *libr.* 8, *cap.* 9, ſignificat legem aliquam Romæ fuiſſe quæ vetabat aratrum pignori accipere. *Balduinus, libr.* 2. *p.* 217.

de battre les bois & les routes peu fréquentées, & de protéger ainsi les Colons.

L'entretien & le repeuplement des arbres fut encore pour l'Etat un objet bien intéressant. Nos laborieux Ancêtres, dit Cicéron (23), s'ils travailloient pour jouir, ne s'occupoient pas si fort de ces avantages présents, qu'ils negligeassent ceux qui, tels que des fruits tardifs, ne devoient mûrir que pour la Postérité. Ils croyoient qu'il étoit de la justice de sacrifier leurs soins aux hommes qui n'existoient pas encore, & de se transmettre ainsi les uns aux autres un des plus grands bienfaits que les Habitants du monde naissant reçurent des mains du Créateur. Aussi le point de vue du Gouvernement fut toujours de veiller à la conservation des arbres.

-----

(23) Sed iidem laborant in iis quæ sciunt nihil omninò ad se pertinere.... Serit arbores quæ alteri sæculo profint, ut ait Statius noster... Nec verò dubitat Agricola quamvis senex, quærenti cui serat, respondere Diis immortalibus qui me non accipere modò hæc à majoribus voluerunt sed posteris tradere. *Cicero de Senectute.*

On infligea des peines aux malfaiteurs qui arrachoient ou mutiloient ces belles productions de la Nature. Nous lifons dans la troifiéme Eglogue de Virgile, que le Berger Ménalque, dans un tranfport de colère, ruina le Verger de Micon. Servius (24), Commentateur du Poëte, obferve que c'étoit un crime capital; que le coupable étoit traité comme un voleur, dont le larcin méritoit la mort. Cette peine fut adoucie dans la fuite. Une Loi des XII Tables condamnoit le Criminel à l'amende; mais cette Loi étoit plus rigoureufe à l'égard de celui qui, par malice, avoit gâté nuitamment les bleds d'autrui (25); il devoit expier fur le gibet cet attentat; fi c'étoit un impubère, qui fût cou-

---

(24)   Arbuftum videre Miconis,
   Atque mala vites incidere falce novellas . . . .
Maximum nefas, & quod ait, *incidere*. Fuerat autem capitale crimen arbores alienas incidere. *Servius* . . . . Latrones capite plectebantur, ficut arborum cæfores. *Clarus Syvius* , *p.* 163.

(25) Si frucem aratro quæfitam furtìm nocte paverit, fecuerit ve pubes , fufpenfus Cereri necator, impubes verberator , noxamque duplione præftator. *Schott:* *Note fur cette Loi dans l'Edition de Denys d'Halicarnaffe , citée ci-deffus.*

* B v

pable de cet excès, il étoit condamné à réparer le dommage, en payant le double , après avoir été battu de verges.

Quiconque brûloit méchamment la moisson (26) entassee sur l'aire, devoit périr par le feu. Celui qui jettoit un sort sur les fruits de la terre, passoit pour un scélérat, qu'on livroit à la vengeance de la Déesse tutélaire de ces fruits. Le Censeur punissoit un Colon qui négligeoit ses Labours; &, comme le dit le vieux Traducteur de Pline : « Les Cen- » seurs qui étoient aussi Maîtres des » Comptes, syndiquoient asprement » ceux qui étoient paresseux à bien » faire labourer »

Dupinet.

---

(26) Qui frumenti acervum juxta acideis positum sciens d. m. ussit usserit ve, Prætoris arbitratu vinctum verberator, igne necator : *Schott , cité ci-dessus.* Alia lex eos capiti obnoxios facit , qui alienas segetes excantassent , aut ullis veneficiis & carminibus alienas pellicere segetes au lerant : *Rivellius.* Je trouve dans le Privilége de cet Ouvrage, accordé par François I , en 1515, des traces d'un ancien usage. « Accordé » à Grenoble le 8 d'Aoust mil cinq-cent & quinze , & » de notre Régne, le premier, par le Roi, Daulphin, » *vous* & aultres ». Ce mot *vous*, désigne le Chancelier de France , comme on le voit dans la Compilation des Ordonnances de nos Rois. *Vol. 5 , p.* 653. *Vol.* 10 , *p.* 4.

L'amélioration

L'amélioration des terres eſt ſouvent une entrepriſe importante. Les premières tentatives préſentent des difficultés à ſurmonter. Ce n'eſt pas aſſez que d'avoir du courage pour commencer des ouvrages en ce genre, il faut avoir aſſez de force pour les conduire au dégré de perfection dont ils ſont ſuſceptibles. Des Particuliers, avec de petits efforts, ne ſçauroient faire de grandes choſes. Ce doit être la tâche de l'Etat, ſeul capable de travailler en grand. C'étoit bien là le génie de Rome. Des obſtacles effrayants dans l'exécution d'un projet, étoient pour elle une raiſon de plus pour les vaincre. Tout s'applaniſſoit devant elle.

S'agiſſoit-il de donner un frein à des inondations fréquentes qui ravageoient les Campagnes, & de faire ſortir un vaſte terrein de deſſous les eaux en facilitant leur écoulement : rien n'étoit épargné ; témoins le Lac d'Albe, & les Marais Pomptins.

Les Colons d'Albe arroſoient leurs champs avec les eaux du Lac Albain

*Dionyf.
Halicar-
naff. libr. 1.*
au moyen des Eclufes qu'ils y avoient pratiquées ; mais ils n'étoient pas à couvert des crues extraordinaires. Les Romains, après la deftruction d'Albe la Longue , & l'incorporation de fon Territoire au Domaine de la République, formèrent le projet d'écarter ce malheur fi funefte à l'Agriculture. Un Sçavant Moderne, qui a parcouru les bords du Lac Albain , & qui a examiné bien attentivement le local,

*Maifon de
Campagne
d'Horace ,
par M. Cap_
martin ,
à Rome ,
1767 , vol.
2 , p. 36.*
obferve que « le niveau de ce Lac ne » connoiffoit antiquement d'autre » régle que la hauteur du cratère, » que du temps du Siége de Veyès, » l'eau fe répandit par-deffus jufqu'à » menacer la Campagne de la plus » grande inondation. L'état préfent » du Lac ne fçauroit être plus diffé- » rent. Son eau n'eft pas feulement » renfermée , mais très-enfoncée » dans fon cratère, qui la furmonte » de prefque un demi-mille. Cet heu- » reux effet, qui eut le double avan- » tage d'écarter tous les anciens » inconvénients, & de découvrir un » nouveau terrein fort confidérable, » s'opéra par le moyen d'un émiffaire.

» On conçoit la grandeur & la beauté
» d'un tel travail, dont le principal
» trait eft la hardieffe qu'il y eut à
» aller faigner le Lac à une fi grande
» profondeur. La tranchée qui forme
» l'émiffaire, fut ouverte prefque à
» la racine de la Montagne qui forme
» le cratère du Lac. C'eft là qu'on lui
» forma une bouche, fans redouter
» la fureur que dût infpirer à fes
» eaux, la néceffité de defcendre fi
» bas ». M. Capmartin conjecture
que cet Ouvrage doit être attribué
aux Empereurs (27). Cette idée ne
porte fur aucun fondement folide. Il
faut remonter jufqu'au temps de la
République, pour y placer cette
importante opération.

L'époque du defféchement des
Marais Pomptins, nous eft mieux
connue. Ces Marais formoient une
vafte étendue, anciennement cou-
verte de vingt-trois Villes, dont la
principale étoit Sueffia (28) Pometia,

---

(27) Voyez, *ad calcem*, la Note (*A*).

(28) Acceffit aliud Italiæ miraculum, à Circæis
Palus Pomptina eft, quem locum xxiii urbium fuiffe
Mutianus ter Conful prodit. *Plinius, Libr. 3.*

Plinius. Le Pays, traversé de Rivières, & borné par des Montagnes qui dominoient la plaine, étoit exposé aux ravages des inondations. Les Villes qu'on y avoit établies autrefois, étoient sans doute garanties par des Chaussées; mais la Nature, trop souvent supérieure à l'industrie humaine, l'avoit enfin vaincue. Tout fut submergé. Les Monuments Historiques n'en disent rien; mais il faut bien le supposer, puisque la République entreprit d'y faire creuser de grands canaux, pour servir de décharge aux eaux stagnantes. Le but qu'elle se proposa fut de mettre en valeur un terrein inondé, & de conquérir en quelque sorte un nouveau Pays sans faire des malheureux.

Florus. Ce fut le Consul M. Corn. Céthégus qu'on chargea de cette belle entreprise, l'an de Rome 550 (29). Des Campagnes toutes nouvelles furent

---

(29) Pomptinæ Paludes à M. Cornel. Cethego Consule, cui ea Provincia obvenerat, siccatæ, agerque ex eis factus. *T. Livii Decad. quæ desiderantur.* Epitome *Flori*, des Editions portent *agger*. Les deux Variantes sont susceptibles d'un sens analogue au sujet.

couvertes de Colons & de troupeaux.
On ne sçait par quelle fatalité elles
s'engloutirent encore sous les eaux
qu'on avoit forcées à se retirer. Vrai-
semblablement ces Ouvrages ne furent pas conduits avec cet Art éclairé,
qui préside aujourd'hui aux travaux
de ce genre. Quoi qu'il en soit, Auguste, bien long-temps après, dans
la vue d'étendre l'Agriculture, ordonna le desséchement de ce Marais,
ut arari possent, dit Suétone.

Fl. Æmilius Scaurus, Consul en
638, étant chargé du Gouvernement
de la Gaule Cisalpine, fit creuser des
canaux destinés à recevoir les eaux *Strabo,*
libr. 5.
surabondantes du Pô, & des autres
Rivières qui formoient des marais
impraticables dans le Parmésan ; il
donna ainsi des champs à la Culture,
& il ouvrit au milieu des terres une
sorte de Navigation pour la commodité des Voyageurs & le transport
des denrées.

N'oublions pas ces voies Romaines
qui traversoient l'Italie, & poussoient
à droite & à gauche, diverses branches de routes. Il est vrai qu'on eut

égard principalement à la célérité des expéditions Militaires qui exigeoient des chemins aifés & fans obftacles ; mais on envifagea auffi les facilités des voitures chargées des productions territoriales.

Plinius.   Un Gouvernement fage attache de la confidération aux Arts utiles à la Société , & les Arts ne manquent pas de fleurir , s'ils font en honneur. On faifoit tant de cas de l'Agriculture (30) , qu'on donnoit aux Tribus Ruftiques la préférence fur les Tribus de la Ville. C'étoit une honte & une forte de dégradation pour un Agricole, que de paffer par l'ordre du Magiftrat, de fa Tribu pour entrer dans une Tribu Urbaine. Dire d'un honnête homme que c'étoit un bon Laboureur , c'étoit en faire un éloge complet. Les Citoyens qui

---

(30) Rufticæ Tribus laudatiffimæ ; Urbanæ verò in quas transferri ignominia effet , defidiæ probro. *Plinius, libr.* 18, *cap.* 3.

Atque ut refert Cato , quem virum bonum, *Colonum* dixiffent , ampliffimè laudaffe exiftimabant. *Ibid.*

tenoient

tenoient un rang dans l'Etat (31), habitoient la Campagne ; les Sénateurs
menoient paître les troupeaux. Le
Préteur, après avoir labouré, fe ren- *Ovidius.*
doit en Ville pour rendre la Juftice,
& s'empreffoit après l'Audience, de *Propertius.*
retourner à fa maifon des Champs.

Caton, célébre par fes Triomphes,
par fa Cenfure, & plus encore par fes
Connoiffances, Caton étoit un grand
Cultivateur. Il donna au Public un
Traité inftructif fur l'Œconomie ru-
rale, réuniffant ainfi la Théorie à la
Pratique.

Après la deftruction de Carthage,
l'an de Rome 607, le Sénat ne fe ré-
ferva des dépouilles Littéraires de *Plinius,*
cette malheureufe Ville, que les *libr. 18,*
Traités concernant l'Agriculture , *cap. 3.*
compofés par Magon, Carthaginois.
Comme l'Ouvrage étoit écrit en lan-
gue Punique , le Sénat, pour en
rendre la lecture utile aux Citoyens,

---

(31) Pafcebatque fuas ipfe Senatus oves.
Jura dabat populis pofito modò Prætor aratro.
Ovid. Faftor. Libr. 1.
Curia prætexto quâ nunc nitet alta Senatu
Pellitos habuit ruftica corba Patres.
Propert. de Urbe Româ.
C

chargea Decius Syllamus de le traduire en Latin.

Les Généraux d'Armée couverts (32) de lauriers, revenoient toujours avec un nouveau plaifir, à leurs occupations champêtres. Tel fut Marcus Valerius Corvus, décoré fix fois de la dignité de Conful. Ce refpectable vieillard fe livroit encore fur le déclin de l'âge à ce laborieux exercice. Tel fut M. Curius, vainqueur des Samnites & du fameux Roi d'Epire. Il s'étoit déja retiré dans fa Chaumière, lorfqu'il reçut avec un fi noble défintéreffement les Députés des Samnites, qui venoient lui offrir une fomme d'or. L'illuftre Camille, qui chaffa les Gaulois, déja maîtres de Rome, conduifoit lui-même fa charrue.

Serranus femoit fon champ, lorfqu'il reçut ordre de prendre le Commandement des Troupes; &, quand

____

(32) M. Valerius, cum effet actâ jam ætate in agri, cofque coleret. *Cic. de Senectute.*

Duro quondàm fulcata Camilli
Vomere, & antiquos Curionum paffa Ligones.
Lucanus, Libr. 1.

le Viateur (33) alla annoncer à
Q. Cincinnatus que le Sénat l'avoit
nommé Dictateur, il trouva cet il- *Florus.*
luftre Perfonnage couvert de pouf-
sière & de fueurs, la main appefantie
fur le manche de l'inftrument ara-
toire, préparant fon terrein aux
femailles. C'étoit alors que la terre,
pour rendre ici les expreffions poëti-
ques de Pline (34), prenant plaifir *Plinius.*
à être cultivée par des charrues cou-
ronnées, & par des Laboureurs
triomphants, produifoit des fruits en
abondance.

Ce goût & cette confidération pour
l'Agriculture prenoient leur fource
dans le fyftême politique conçu par
Romulus, & fi bien faifi par les Rois
fes fucceffeurs. Tels étoient les encouragements que le Gouvernement

____

(33) Q. Cincinnatum, Patricium virum, innixum
aratro fuo Lictor in ipfo opere reprehendit. Expeditione
factâ, rediit ad boves triumphalis Agricola. *Florus,*
Libr. 1. *Cap.* 11. Nequid à ruftici operis imitatione
ceffaret, victos, more pecudum, fub jugo mifit. *Ibid.*

(34) Quanta ergò erat tantæ ubertatis caufa?
Ipforum tunc manibus Imperatorum colebantur agri,
gaudente terrâ vomere Laureato & Triumphali aratore.
Plinius, Libr. 18, *Cap.* 3.

donnoit à la culture ; ce qui la rendit si florissante. L'Agriculture de son côté valut au Gouvernement des avantages bien précieux.

2° Influence de l'Agriculture sur le Gouvernement.

Comme il n'est point de Société sans hommes, il n'y aura jamais, sans subsistances, des hommes assemblés. N'étoient-ce pas les Laboureurs qui faisoient couler les sources de ces subsistances au milieu de Rome ? En cultivant pour eux-mêmes, ils cultivoient pour les autres. Ils entretenoient l'abondance en raison de la population. Leur vie simple & frugale, en consommant beaucoup moins, multiplioit en quelque forte les aliments, parce qu'elle en rendoit la consommation plus étendue, plus facile & moins couteuse.

La population même, sans laquelle un Etat ne peut prospérer, devoit aux Agriculteurs son principal accroissement. La Campagne donnoit à l'Etat des Sujets plus nombreux, & remplissoit ainsi le vuide que la mort laisse tous les jours dans la Société. Le terrein s'agrandissant par la Conquête, la distribution des terres de-

mandoit de nouveaux Cultivateurs,
qui, par la fécondité des mariages,
étendoient les moyens de satisfaire
les premiers besoins de la vie; ce qui
ne sçauroit avoir lieu dans l'enceinte
des Villes.

Autre avantage d'un grand prix.
Une République guerrière n'avoit pas
de plus grand moyen, pour s'assurer
des succès dans les Expéditions Militaires, que d'avoir un corps de
Troupes (35) braves, & sur-tout
d'une forte constitution. Tels étoient
les Agricoles Romains; toujours ex-   *Varro.*
posés à l'intempérie de l'air & à la
rigueur des saisons, toujours livrés à
des exercices pénibles. Ils devoient
avoir, au-dessus des Habitans de
Rome, plus de force physique & plus
d'énergie dans l'ame, & cet ascen-
dant qu'une éducation mâle prend
toujours sur des hommes sédentaires.
Ils soutenoient bien mieux les fatigues d'un Siége, d'une marche forcée,

---

(35) Utrumque consecuti sunt ut culturâ agros
fœcundissimos haberent & ipsi valetudine firmiores
essent. *Varro, Libr. 3.*

d'un campement incommode; familiarifés avec la peine, ils fupportoient tout & fouffroient peu. Accoutumés à pourfuivre les bêtes féroces, à lutter fouvent contre elles, l'épieu à la main, lorfqu'elles fe jettoient fur les troupeaux, ou qu'elles ravageoient des terres enfemencées, ces hommes qui bravoient le danger, vis-à-vis des féroces Habitans des bois, attaquoient l'ennemi de la Patrie avec autant d'intrépidité que d'audace. *At ex Agricolis & viri fortiffimi, & milites ftrenuiffimi gignuntur.*

Cato, p. 1.

De là ces victoires & ces triomphes fi glorieux au nom Romain. Ecoutons fur ce fujet, le Poëte ami & favori de Mécène ; il s'écrie avec la plus vive fenfibilité de cœur, & avec les é'ans de fa verve : « Romains, ces » Guerriers qui rougirent les Mers du » fang des Carthaginois, qui défirent » les Armées de Pyrrhus, du grand » Antiochus, & du barbare Annibal; » ces Guerriers étoient des Laboureurs endurcis aux travaux. Une vie » laborieufe donnoit à leurs enfans » un corps robufte & fain. Une difci-

Horatius libr. 3, Ode 1.

» pline auſtère, ſous les ordres d'une
» Mère vigilante, préparoit ainſi à
» l'Etat une Milice nerveuſe, bien pro-
» pre à la défenſe de ſes Foyers (36)».
In pace à ruſticis Romanis alebantur, & Varro,
in bello tuebantur. C'eſt encore la *libr. 3.*
penſée de Columelle : *Hoc ſemper du-* Columella,
plici ſtudio floruiſſe vel defendendi, vel *libr. 1.*
colendi patrios quæſitoſque fines.

C'étoit ſous ces toîts ruſtiques que
ſe formoient de vrais Citoyens. En
effet, une choſe de la plus grande
importance (37) pour le bien d'un
Gouvernement, c'eſt la paix qui doit
y régner. Il ne ſe fortifie ſur ſa baſe,
qu'à meſure que les individus ſont
diſpoſés à reſpecter l'Ordre public.
Les Tribus ruſtiques, concentrées
dans les détails champêtres, chériſ-
ſoient la Paix & les Loix qui la donnent ; ſans ambition, jamais troublées
par des paſſions tumultueuſes, & par

---

(36) Sæpè ferâ torvos cuſpide fixit agros.
　　　　　Ovidius, Libr. 2. Artis Amat.

(37) Agricolas quibus optatiſſimum eſt otium.
Cic. ad Attic. Libr. 7. Epiſt. 7.
　　Intereà Pax arva colit. Pax candida primùm
　　Duxit aratores ſub juga curva boves.
　　　　　Tibull. Libr. 1. Eleg. 11.

conséquent sans intrigues ; ce n'étoit pas dans l'obscurité de leurs Chaumières qu'on ourdissoit des trames contre l'Etat. *Minimè que malè cogitantes sunt, qui in eo studio occupati sunt.*

Cato, p. 1. De Re Rusticâ.

Plaute, qui dans ses Drames Comiques, nous trace la peinture des mœurs de son siécle, met sur la scène un mari & une femme qui ne sont pas d'accord. Dorippe, qui aimoit le séjour de la Campagne, dit à son mari : « On mène une vie plus régulière, plus » tranquille aux Champs, que dans les » Villes. Est-ce, réplique brusquement » Lysimachus, que vos Campagnards » n'ont rien à se reprocher ? Loin des » grands intérêts, répond Dorippe, ils » sont exempts des passions vives & » emportées qui agitent *les* Habitants » des Villes (38) ».

Plautus, Mercator.

Telle étoit chez les Romains la double influence du Gouvernement sur l'Agriculture, & de l'Agriculture sur le Gouvernement.

---

(38) Pudiciùs . . faciunt illi quàm qui non fiunt rustici.
Numquid non delinquunt rustici ? Ecastor minùs
Quàm Urbani, & multò m nùs ma' m quærunt sibi.
Mercator, Actus 4, *Scena* 3.

SECONDE PARTIE.

ÉTAT DE L'AGRICULTURE,

relativement aux Mœurs.

LES Romains, dans les premiers temps (39) fur-tout, Cultivateurs par état, & Soldats quand la Patrie demandoit leurs fervices, vivoient dans une grande innocence. Ils étoient trop occupés pour être voluptueux. Les plaifirs purs leur fuffifoient. Ils ne connoiffoient ni rufes ni obliques détours, & *nefcia fallere vita*. Leur nourriture étoit fimple (40), & leur vertu auftère. Ils ne vouloient être riches que des bienfaits du fol. L'opulence confiftoit (41) dans la poffeffion d'un

1° Influence de l'Agriculture fur les Mœurs.

Virgilius, Georg. libr. 2.

Valer. Maximus.

Ovid.

---

(39) Majores noftri quùm terram colerent , piam & utilem agere vitam credebant. *Varro , Libr. 3, Cap.* I.

(40) Fuit illa fimplicitas Antiquorum in cibo capiendo ; erant adeò continentiæ attenti , ut frequentior apud eos erat pultis ufus quàm panis. *Val. Max. Libr.* 2, *Cap.* 5.

(41) Grandes fumabant pultibus ollæ.
     Juvenal. Satyr. 14.
Aut pecùs aut latam dives habebat humum.
     Ovid. Faft. Libr. 5.

troupeau, & d'un terrein un peu étendu. Dans les habitations, tout (42) étoit rustique, & sans autres ornements que ceux de la Nature. « De » toutes les maisons que Marcus Cato » avoit aux Champs, il n'y en avoit » pas une dont les murailles fussent » ni crépies, ni enduites ». Les Loix vouloient qu'on (43) se contentât d'une maison de terre ou de briques élevée au hazard.

Amyot, Traduct. de Plutarque.

Horat. Propert.

Juvenal, dont la verve s'enflamme avec tant de noblesse, & trop souvent avec tant de causticité pour les intérêts des Mœurs, Juvenal fait tenir ce langage à un Agricole de l'ancien temps. « Mes enfans, sçachez vous » contenter de ces cabanes ; de ces » côteaux ; gagnons notre pain en

M. du Saulx, Traduct. de Juvénal.

---

(42) Cætera luxuriæ nondùm instrumenta vigebant.
Idem.

(43) Non fortuitum spernere cespitem
Leges sinebant. *Horat. Libr. 3. Ode 3.*
Non fuit opprobrio facta sine arte casa.
Propert. Libr. 4.
Roma nisi immensum vires promosset in orbem,
Stramineis esset nunc quoque tecta casis.
Ovid. Amorum, Libr. 2, Eleg. 9.

» labourant la terre ; le pain suffit à
» nos besoins ; la frugalité plaît aux
» Dieux ».

Ce genre de vie dut influer sur les
esprits. Il se transmettoit des Chefs
de famille à leur race ; les hommes
sont ordinairement ce que l'Education
les fait devenir ; les mœurs des
pères forment celles des enfans , de
là les mœurs publiques.

La frugalité passa des Champs dans
la Ville ; du lait épaissi au feu avec la
farine (*Puls*) des mêts les plus communs , assaisonnés de sel , faisoient
tous les plaisirs de la table.

Les femmes des Tribus rustiques ,
occupées des soins (44) du ménage ,
étoient regardées comme des modéles
de chasteté & de pudeur. La sainteté   *Horat.*
du Mariage étoit un des caractères
les plus marqués de ces Tribus. Les
liens de la Société conjugale ne se

---

(44)   Quod si pudica mater in partem juvans
         Domum atque dulces liberos
     Sabina qualis , aut perusta solibus. . . .
                 Horat. Libr. 5, *Ode* 1.
     Et poterit dici rustica , si qua proba est.
                 Ovid. Remed. Amoris.

relâchoient pas. Une chofe bien digne de remarque, c'eft que l'innocence des mœurs champêtres fit fur les âmes des impreffions avec une telle force de fentiments, que Spurius Carvilius devint à Rome un objet d'ignominie & de haine pour avoir donné le premier, le fpectacle du divorce.

L'an de Rome 522.

La principale occupation des femmes de la Campagne, étoit la filature (45); devoir qu'elles ne pouvoient négliger, & qui devint pour la Ville un ufage général. Dans le temps même où le luxe fit difparoître l'ancienne fimplicité, on confervoit encore dans la cérémonie des Nôces le fimulacre de cet ufage champêtre. La quenouille, le fufeau & le peloton de laine étoient du cortége. La filature, cet exercice propre des femmes élevées à la Campagne, fut pratiquée par Caïa Cæcilia, femme de Tarquin l'ancien; elle paffa pour la plus habile Fileufe de fon temps. Il s'établit à ce

Briffonius.

---

(45) Undè factum eft ut nubentes virgines comitaretur colus compta cum fufo & ftamine. *Briffonius de ritu Nuptiarum, p.* 37. Poftes verò januæ lanâ tangi à nubentibus confueverant. *Ibid.*

fujet, une coutume qui prouve bien l'influence de l'exemple. Une nouvelle mariée, pofant le pied fur le feuil de la porte de fon mari, répondoit à celui qui lui demandoit fon nom, je m'appelle *Caïa*, c'eft-à-dire bonne Fileufe.

Briffo-nius, P. 42.

L'Orateur Romain, dans fon Plaidoyer pour Rofcius d'Amérie, s'adreffant à l'Accufateur de fon Client, lui dit : «Cette vie champêtre, que » par un infultant mépris vous traitez » de groffière, nous a fait connoître la » fage œconomie, l'amour du travail & » l'exacte probité; elle nous a enfei- » gné encore à pratiquer ces vertus » morales (46) ».

Cicero, pro Rofcio Amerino.

Ce qui opéra une fi grande influence fur les efprits, ce fut le nom d'*Agricole*, lequel emportoit alors une idée de refpect & de confidération. Ce qui eft refpecté devient honorable; auffi fe fit-on un honneur d'imiter les Cultivateurs. M. Curius, affis fur un banc dans fa chaumière, dit fière-

---

(46) Vita autem hæc ruftica, quam tu *Agreftem* vccas, parcimoniæ, diligentiæ, juftitiæ magiftra eft. *Cic.*

ment, qu'il aime mieux faire la Loi aux Riches que d'être riche lui-même. Curius, par ce noble mépris des richesses, apprenoit à ses Concitoyens à les méprifer.

Fabricius refufe de grandes fommes & des Efclaves à fon fervice. Il fe croit riche fans argent, & continue à marcher fans fuite, accompagné de fa feule vertu, *fine pecuniâ prædives, fine ufu familiæ abundè comitatus.* Des fentiments fi généreux devoient exalter tous les cœurs. La pauvreté de ce Laboureur eftimée, & ennoblie par l'eftime générale, fut préférée à l'opulence.

Ces illuftres Campagnards qui joignoient à l'éclat des honneurs Confulaires & des Ornements triomphaux, le mérite de foutenir avec dignité un état de médiocrité réduit au néceffaire phyfique, ces Héros de la tempérance & de la frugalité, fortifioient dans les efprits cette auftère manière de vivre ; leur exemple fe reproduifoit dans le Public, & devenoit la régle de la multitude ; telle eft la force de l'efprit d'imitation.

Les Arts Méchaniques ne fçauroient s'allier avec l'Agriculture ; celle-ci eft un cercle de travaux qu'il faut fans ceffe parcourir, en fourniffant toujours la même carrière. Des hommes courbés fur les fillons ne pouvoient donc être Artifants. Ils méprisèrent les Métiers, qu'on abandonna aux Efclaves. Ce mépris devint un préjugé de Nation, qui fubfiftoit encore du temps de Virgile. « Romains, laiffez aux Artiftes Etrangers le talent de donner de la vie à l'airain & au marbre. De tous les Arts, un feul eft digne de la Majefté de Rome ; c'eft d'agiter les Deftins des Empires, & de donner des Loix à l'Univers » ;

Virgilius,
Æneid.
libr. 6.

Hæ tibi erunt artes.

Telle fut l'influence de l'Agriculture fur les Mœurs. Comme dans le monde moral , ainfi que dans le monde phyfique , il y a toujours action & réaction, les mœurs à leur tour pésèrent fur l'Agriculture.

Après la guerre des Tarentins & la défaite de Pyrrhus, il fe fit dans les efprits une révolution étonnante.

2° Influence des Mœurs fur l'Agriculture.

Les anciens principes s'affoiblirent. De féduifantes nouveautés donnèrent de fauffes idées. Ce fut une autre manière de voir & de fentir. En un mot, la trempe des âmes ne fut plus la même (47). Les fuperbes dépouilles des Peuples vaincus avec le Roi d'Epire , les fuperfluités élégantes des Tarentins éblouirent les yeux des Romains, & dévelopèrent ce germe funefte de cupidité, caché dans le cœur de l'homme, & ce goût de volupté que les grands Ecrivains de Rome déplorent avec tant d'éloquence.

Les richeffes amenèrent les plaifirs & les jouiffances, qui ne manquent jamais d'énerver l'ame, fût-elle d'une trempe mâle & vigoureufe. Les vertus s'affoiblirent par dégrés , & s'anéantirent enfin (48). Ce grand

---

(47) Corrupti mores depravatique funt admiratione divitiarum. *Cic. de Officiis , Libr.* 2, *Cap.* 21 Illæ opes atque divitiæ afflixêre fæculi mores , merfamque vitiis fuis quafi fentinâ rempublicam peftem dedere. *Florus, Libr.* 3, *Cap.* 12.

(48) Ante hunc diem nihil nifi pecora Volfcorum, greges Sabinorum, carpenta Gallorum, fracta Samni-

changement

changement dans les mœurs influa sur toutes les branches de l'Admini-stration, & l'Œconomie rurale en ressentit les atteintes. De la corruption générale, comme d'une source empoisonnée, sortirent des fléaux funestes à l'Agriculture, l'esprit de domination, le luxe, l'amour & l'avidité des richesses.

Tant que Rome fit la guerre contre des Peuples voisins, ces Expéditions Militaires se terminoient en peu de temps & avec peu de monde. Si l'on prenoit le glaive pour se rendre sur un champ de bataille, on le déposoit bientôt pour reprendre la charrue; l'Agriculture ne s'en ressentoit pas. Mais, quand la République, toujours agitée par la manie de s'agrandir, forma des entreprises de la plus grande importance, il fallut mettre sur pied de grands corps de Troupes, & les renouveller souvent. Les Aigles Romaines furent portées au-delà des limites de l'Italie. On vit la guerre

1° Esprit de domination.

------

tum arma vidisset .. Tu si captivos aspiceres; si pompam, aurum, purpura, signa, Tabulæ, Tarentinæque deliciæ. *Idem, Libr.* 1.

D

succéder à la guerre ; après avoir vaincu, on voulut encore vaincre. Ce ne fut plus qu'un enchaînement de Marches, de Siéges, de Batailles, d'Invasions. Les Soldats, presque toujours hors de leurs Foyers champêtres, ne pouvoient vacquer aux travaux des Champs. Tant de Victoires brillantes, remportées de toutes parts, allumèrent de plus en plus la passion des armes. On pouvoit tout oser; on osa tout ; & les brigandages d'une Nation s'appelloient *de la Gloire*. On oublia dès-lors cette gloire œconomique, qui sçait agrandir un Etat par l'amélioration des biens-fonds, & qui donne tout, sans rien détruire.

Uniquement épris de l'éclat Militaire, ces Laboureurs guerriers n'aimèrent plus que ce qui avoit de l'éclat. Les occupations rustiques n'eurent plus pour eux les mêmes attraits ; ils laissèrent peu à peu les Champs se hérisser de ronces. Avec quelle vivacité (49) de couleurs Virgile nous

---

(49)   Tot bella per orbem.
Tàm multæ scelerum facies. Non ullus aratro
Dignus honor. Squallent abductis arva Colonis,
Et curvæ rigidum falces curvantur in ensem.
            Georg. Libr. 1.

peint le délaissement des terres pro-
ductives ! « La Guerre étend ses ra-
» vages par-tout; les Champs sont
» négligés; les Campagnes, sans La-
» boureurs, deviennent stériles, & du
» fer qui creusoit les sillons , nous
» forgeons des instruments meur-
» triers ».

Le luxe fut un autre fléau de l'A- 2° Le Luxe.
griculture ; il agit trop puissamment
sur le caractère des hommes; il les
rend paresseux , indolents , ennemis
du travail, uniquement passionnés pour
les agréments de la Société. Les pénibles exercices de la Culture, doivent être pour ces hommes bien
repoussants. La mollesse fit naître de
prétendus besoins qu'elle multiplia.
Les Citoyens d'une classe inférieure
commencèrent alors à négliger les
Champs, & vinrent dans la Métro-
pole exercer leur industrie sur les Arts
frivoles. Dès-lors les Terres furent
moins travaillées , par ce qu'il y eut
moins de bras pour les remuer.

La vanité , compagne inséparable
du luxe, cherchoit à s'étaler par un
vain appareil de magnificence. Ce

n'étoit pas au milieu des guérets qu'elle pouvoit se satisfaire. La vie champêtre, simple & modeste, ne présentoit qu'un séjour d'ennui pour des ames jalouses de l'ostentation qui veut s'annoncer. On vouloit figurer sur le Théâtre de Rome; il fallut renoncer à la solitude & aux soins immédiats que les Propriétaires avoient toujours donnés à leurs Domaines ruraux. Columelle se plaignoit de ce changement. « Nous avons *De Re Ru-* » donc abandonné la faulx & la char- *stica Proe-* » rue pour fixer notre séjour dans les *mium.* » Villes. Nos mains n'ont plus d'autre » exercice que celui d'applaudir au » Théâtre & au Cirque, au lieu de » les employer aux Labours & à la » culture des Vignobles ».

On abandonna la régie des Domaines à des Serfs ou à des Fermiers; les premiers, presque relégués dans la classe du bétail qu'on nourrissoit, travailloient sans motif. Le travail de ces Etres infortunés étant sans profit, devoit se faire avec cette lenteur & ce découragement qui refroidit des hommes sans prétention,

& fans efpérance de falaire. *Coli rura ab ergaftulis peffimum eft & quidquid fit à defperantibus.* Les façons, qui doivent aider les efforts de la Nature, étoient fouvent négligées ou malfaites, & la terre devoit refufer au moins la furabondance de fes productions. Rien n'eft plus vrai que la maxime d'un Ancien : *La préfence du Maitre améliore fon Champ ;* maxime dont un Poëte (50) a fenti toute la vérité.

Plinius, libr. 18, *cap.* 6.

Colum.

Ovid.

Lorfque les Propriétaires étoient eux-mêmes Agricoles , les pertes caufées par divers accidents ou par ignorance, étoient réparées par un redoublement d'efforts & d'activité. Mais la négligence (51) , la mauvaife volonté ou les rapines fourdes des Serfs-Laboureurs , faifoient à leur Maître un tort irréparable.

____

(50) Præfentiam domini profectum effe agri. *Columella*... Cum agrorum poffefforibus antiquo more adminiftrarentur , minus jacturæ patiebantur res rufticæ, nam induftria dominorum multa penfabat. *Iuem.*

(51) Negligentia fervi aut rapacitas intervenit. *Id.*
Neglectus domino pauca ferebat ager.
Ovid. Faft. Lior. 2.

Les Citoyens, fédentaires à Rome, établirent l'ufage de donner leurs biens-fonds à ferme, en argent ou en denrées, dont on ftipuloit la quantité. Le Fermier Solonus, encouragé par l'efpoir du bénéfice, dut à la vérité s'interefler à l'exploitation de fa Ferme; mais cet avantage particulier ne donnoit pas plus d'accroiffement à l'Agriculture, qui n'embraffa pas plus de terrein. En effet le Fermier toujours avide, dans tous les temps & en tous les lieux, ne fe nourrit que de l'efpérance du gain, écarte toute idée de dépenfe relative à l'amélioration; il laboure ce qui a été cent fois labouré; fa main ne s'imprime que fur les meilleures piéces d'un champ qu'il épuife, & laiffe les moins bonnes aux plantes inutiles; il ne défriche pas un fol dont il déguerpira un jour; & ce n'eft que par les défrichements qu'on peut augmenter la maffe des productions territoriales.

Le fafte orgueilleux porta bientôt d'autres coups à l'Agriculture. La folie des Maifons de Plaifance devint un mal épidémique. Cicéron ne put s'en préserver , quoique ce grand homme eut été formé sur le modéle des mœurs anciennes. Il nous apprend lui-même que sa belle maison d'Arpinum n'étoit , du temps de son Ayeul (52), qu'une Métairie dans la simplicité antique.

Le Territoire de Rome , c'est-à-dire l'Italie (53), sembla disparoître sous des Edifices superbes, très-nombreux & d'une grandeur immense, *Villas in urbium modum ædificatas.* La Maison de Plaisance de Lucullus, avec des dépendances très-étendues, n'avoit presque pas de terres pour les Labours ; ce qui fait dire à Pline : « Scévola avoit des champs sans » maison, & Lucullus, des maisons

Sallust. in Catilin.

Plinius , libr. 18, *cap.* 6.

---

(52) Hanc vides Villam ut nunc quidem est , lautius ædificatam ; sed hoc ipso in loco, cum avus viveret & antiquo more , parva esset Villa. *Cic. de Legibus , Libr.* 2. M. Capmartin prétend que Cicéron avoit 19 Maisons de Campagne.

(53) Illa disceptatio tenebat quòd Consul in Sicilia se M. Valerium qui tunc Classi præesset , Dictatorem dicturum esse aiebat; patres extra Romanum agrum , cum autem in Italia terminari , negabant Dictatorem dici posse. *T. Livius, Libr.* 7, *Decad.* 3.

» fans champs : *cum Villâ Scævolæ*
» *fundus careret, Villa Luculli agro* ».
Tout y étoit facrifié au luxe, & rien
à fa vraie deftination. C'étoit une
forte de larcin fait à la fubfiftance du
Public.

Martial raille d'un ton plaifant fur
ce mauvais goût, qui depuis long--
temps dénaturoit les objets en tranf-
portant, pour le dire ainfi, les Villes
au milieu des Campagnes. « Du haut
» de votre Pavillon, on ne voit que
» des lauriers ftériles & des arbres
» fuperbement inutiles, ombrageant
» les plaines que les gerbes devroient
» couvrir. Priape, le Dieu Tutélaire
» des fruits, n'a rien à garder. Vous
» faites venir de Rome vos provifions
» de bled. Cela doit-il fe nommer
» une *Maifon des Champs ?* Non.
» C'eft une Maifon de Ville, loin de
» la Ville. *Rus hoc vocari debet, an*
» *domus longè* » ?

Martialis,
Epigr. 57,
libr. 3.

« Bientôt les nouveaux Edifices
» qui s'élevent, dit le Poëte dans les
» tranfports de fon indignation, laif-
» feront à peine des terres à labourer.
» De quels prétextes pouvons-nous

Horat.
libr. 3, *Ode*
16.

» colorer de pareils abus, tant de fois
» condamnés par Caton, & par nos
» Légiflateurs ». Les geftations, ou
avenues, étoient de plufieurs milles
en longueur ou en détours. Le fol fe
perdoit fous des piéces immenfes
d'eau. Ces eaux étoient affervies au
plaifir du Maître, & à l'ornement des
Jardins. On aima avec paffion la *Alexander ab Alexan. libr.* 3, *cap.* 25. Culture de pur agrément (54). On
mettoit du goût & de la volupté où
l'on fe contentoit anciennement de
faire naître l'abondance. On recher-
choit avec empreffement des Jardi-
niers Décorateurs, *Topiarii*, qui pre- *Cicero ad Q. Fra- trem, libr.* 3 ! *Epiſt.* 1. noient foin des berceaux de verdure,
de treillage, & qui fçavoient tailler
le bouis, le mirthe, & donner aux
arbuftes & aux arbres des formes
élégantes.

« De tous les arbres que vous cul-
» tivez avec foin, dit le Cenfeur du *Horat. Libr.* 5, *Ode* 11. » luxe, le Cyprès, fi déteſté des
» vivants, fuivra feul fon Maître.
» Le Plane, qui forme fa voûte au
» fommet des airs, & qui n'a d'autre

---

(54) Voyez, *ad calcem*, la Note (B).

» avantage que de donner une ombre
» agréable, fera préféré à l'Ormeau
» utile à foutenir la Vigne. La
» Violette, le Myrthe & cent autres
» Fleurs parfument des Vergers (55),
» où les Oliviers produifoient un re-
» venu confidérable à leur ancien
» Maître ».

Cicéron, qui ne s'étoit pas trop
roidi contre le torrent, mais que fon
cœur ramenoit fans cefle à l'ancienne
fimplicité, Cicéron dit, au fujet de la
Maifon de Campagne de fon frère,
que c'étoit une maifon de Philofo-
phe, c'eft-à-dire qu'elle n'étoit propre qu'à relever la folie des autres
maifons (56).

On objectera peut-être que ce
n'eft là qu'une exagération, puifque,
fuivant le témoignage de Varron,

Varro,
libr. 1.

---

(55) At poftquàm platanis fterilem præbentibus umbram
Uberior quavis arbore venit honos.

Ovid. de Nuce.

Noftra fcilicet nemora noftræque Villæ tuebuntur?

Tacit. Annal.

(56) Quamquàm ea Villa quæ nunc eft, tamquam
Philofophia videtur efle quæ objurget cæterarum Vil-
larum infaniam. *Cic. ad* Q. *Fratrem, Libr.* 3, *Epift.* 1

l'Italie n'étoit qu'un grand Verger. *Tota arboribus confita eſt, ut tota pomarium videatur.* Mais un Verger n'eſt pas pour fournir aux ſubſiſtances. Il eſt plutôt pour la délicateſſe que pour la nourriture. Les ſoins qu'on donne aux arbres fruitiers ne ſont pas la Culture en grand; c'eſt celle qui fait germer les grains pour nous alimenter , le lin & le chanvre pour les toiles, les divers ſimples pour les teintures, les plantes des prairies pour nourrir les troupeaux qui nous fourniſſent la laine; c'eſt elle qui multiplie les animaux utiles. Ces fruits délicieux, ſi eſtimés des voluptueux de Rome , remplaçoient-ils ces avantages ? Quand on préfère un fruit à un épi, il faut que l'Agriculture tombe dans un état de langueur.

On porta plus loin le délire; on la déshonoroit. Cicéron , avec le langage du cœur & de la raiſon, reproche (57) à l'Accuſateur de ſon

____

(57) Vitamque hanc ruſticam honeſtiſſimam & ſuaviſſimam probro & crimini putas eſſe oportere. *Cicero ,* *pro Roſcio Amerino.*

Client, d'avilir par les plus grossières injures, l'ordre des Citoyens, le plus honorable, distingué sur-tout par la douceur des Mœurs & du Commerce dans la Société.

1° L'amour & l'avidité des Richesses.

L'avidité des richesses mit le comble au mal. Le luxe, qui se fait sans cesse de nouveaux besoins, cherche les moyens de les satisfaire. Quand la source des revenus est tarie, elle creuse sourdement & va puiser dans les sources d'autrui; la soif de l'or qui la tourmente ne s'étanche jamais. Ces hommes fastueux qui, dans la corruption générale des mœurs, se trouvèrent chargés de la manutention des Loix, en abusèrent pour les faire servir d'instrument à leurs passions. Le mal est alors sans remède; car il n'est pas possible d'employer la Loi pour le combattre, puisqu'il se couvre de l'Egide même de la Loi. Les Citoyens pervers établirent principalement l'espoir de leurs rapines sur la denrée la plus nécessaire à la vie. Ce fut cette belle branche d'Agriculture qu'ils entreprirent de flétrir & de mutiler, armés du nom sacré de l'Autorité.

Cicéron expofe au grand jour les infâmes procédés de Verrès, Préteur de Sicile ; &, malheureufement pour la République, il y avoit bien des Verrès departis dans les Provinces. Ces hommes vils reprenoient fur la Campagne tout ce que leur avoit coûté l'ambition de parvenir aux grands Emplois, tout ce que leur coûtoit encore l'amour des plaifirs, les prodigalités & les folles dépenfes. « Depuis que les Romains font de- » venus les Maîtres de l'Univers, » ils ne fe laffent jamais d'acquérir, » ni de diffiper. Leurs faux befoins » toujours renaiffants, toujours infa- » tiables, ne fe refufent à aucune » injuftice » (58).

Ovidius

On levoit dans les Provinces, un tribut de bled en nature ; c'étoit le dixiéme de la récolte, & qu'on ap- pelloit *Frumentum Decumanum.* Ce bled devoit être tranfporté à Rome,

---

(58) Ut tetigit fumma vertice Roma Deos,
    Creverunt & opes & opum furiofa cupido,
    Et, cùm poffideant plurima, plura volut.
    Quærere ut abfumant, abfumpta requirere certant.
        Ovid. Faft. Libr. I.

Rosinus, Antiquitatum Romanarum Annales, libr. 10.

pour être vendu par le Cenfeur, ou le Gouverneur de la Province le vendoit lui-même aux Fermiers de l'Etat, *Publicani*, lefquels en devoient compter aux Magiftrats chargés de la Caiffe publique, *Ærarium*.

Dans les Pays de Conquêtes, on étoit obligé de fournir une certaine quantité de grains, à raifon de tant par arpent : *Frumentum emptum.* Le prix en étoit réglé par le Sénat. Cet approvifionement devoit fervir aux diftributions qu'on faifoit au Peuple.

Il falloit fournir au Gouverneur, pour l'entretien de fa maifon, un certain nombre de muids de bled, *Modios*, dont il régloit lui-même le prix. Enfin, il étoit d'ufage de faire au Gouverneur un préfent en grains, *Frumentum Honorarium.*

Ici commencent les rapines deftructives de l'Agriculture. Après la récolte, les Employés à la perception des grains (59), ne permet-

---

(59) Malo enim plus dare, quàm non maturè ex area tollere . . . Ex area, nifi pactus effet arator, ne tolleret . . . In cellam, quòd fumi oportet æftimafie

toient pas qu'on enlevât de l'aire,
ou du grenier, la plus petite quantité,
avant qu'on eut payé ce qui étoit dû à
l'Etat. Le Laboureur étoit toujours   *Cicero.*
difpofé à s'acquitter; mais l'avarice
affectoit des longueurs & des retarde-
ments. Le Colon ennuyé, preffé de
vendre, offroit de l'argent ou une
quantité quelconque de grains. Quelquefois on le chicanoit fur la qualité
de ces grains qu'on rebutoit. Il falloit
bien, pour les faire accepter, donner
quelques mefures de plus, ou com-
penfer avec de l'argent, la prétendue
mauvaife qualité de la denrée.

Le bled, qui étoit acheté pour le
compte de l'Etat, s'achetoit au-deffous de fa valeur. La cupidité avoit
imaginé un moyen de gréver encore
le Vendeur, pour fe procurer un
nouveau bénéfice; c'étoit de l'obliger   *Idem.*
à tranfporter les grains vendus (60),

& pecuniam pro frumento abftuliffe.. Tu civitatum
Siciliæ vulgò omne frumentum improbas. *Cic. in
Verrem. Actio* 2a.

(60) Secuti funt avariores Magiftratus qui infti-
tuerunt in difficillima loca, afportandum frumentum
importare, ut vecturæ difficultate ad quam vellent
æftimationem, pervenirent. *Cic. Ibid.*

aux dépôts les plus éloignés. Pour fe rédimer de cette corvée, il falloit fatisfaire avec de l'argent l'avarice des Chefs & des prépofés.

Le Gouverneur, dans fes achats, régloit fur fes intérêts, le taux qu'il vouloit y mettre; & c'étoit prefque toujours avec perte pour le Vendeur. Les préfents en denrées, étoient des préfents de nom, & des extorfions dans la réalité. Ces vexations frappoient tout à la fois fur le Cultivateur & fur l'Induftrie champêtre. La raifon en eft fimple.

C'eft le bénéfice du travail qui fait travailler. L'induftrie eft plus ou moins active relativement au plus ou moins de profit qu'on a droit d'attendre. L'intérêt eft le père & le premier mobile des Arts; fans cet être créateur, rien ne fort du néant, ou tout y rentre. Le Cultivateur, qui voyoit le fruit de fes peines anéanti, devoit tout naturellement être découragé, & n'achever pas le fillon commencé. Le grain s'échappoit à peine de fes mains pour féconder les champs. Eh ! quel homme fenfé peut vendre

inutilement

inutilement ſes ſueurs à la terre (61)?
La non-valeur ôte le goût du travail,
puiſqu'elle en fait perdre le fruit.

Les bornes des Champs, qui avoient
été ſi fort reſpectées dans les beaux
jours de la République, ceſsèrent de
l'être, lorſque l'avidité des richeſſes
fit diſparoître le règne des vertus.
Ce n'étoit plus la Loi, mais la paſſion *Dionyſius*
de s'agrandir qui bornoit les poſſeſ- *Halicarn.*
libr. 2, cap.
ſions (62). Le Patron empiétoit ſur 22.
les terres de ſon Client; car il eſt dans *Horatius.*
Ovidius.
la jalouſie d'une cupidité raſſaſiée de
biens, de s'indigner contre les jouiſ-
ſances d'autrui. Ainſi les Propriétaires
foibles par état, ſe trouvoient réduits
à une diminution de Culture.

L'avidité des richeſſes oppoſa encore un nouvel obſtacle à l'améliora-

---

(61) Nemo enim ſanus debet impenſam vel ſum-
ptum facere in Culturam, ſi videt non poſſe refici.
Varro.

(62)   Quid, quod uſque proximos
          Revellis agri terminos,
     Et ultra limites Clientium
          Salis avarus.   *Horat. Libr. 4, Ode 6.*
     Venerat in morem populi depaſcere ſaltus,
          Jamque in privato paſcere inertis erat.
               Ovid. Faſt. Libr. 5.

E

tion des terres. Les grands Propriétaires étoient bien plus en état que
tout autre, de faire fleurir l'Agriculture ; avec des dépenses utilement
employées, ils auroient défriché une
superficie stérile, planté un bois,
desséché des étangs & des marais ;
c'eût été pour eux une augmentation
de revenus ; mais le cœur toujours
affamé se refusoit à l'espérance de
jouir, pour une jouissance actuelle.
L'usure étoit une des plus anciennes
calamités de Rome. *Sanè vetus urbi
fœnebre malum.* Elle étoit pour ces
riches Propriétaires une mine plus
abondante que le sein fécond de la
terre. Ils plaçoient leur argent à un
pour cent par mois, *unciarium fœnus.*
Ces profits étoient souvent portés
plus loin ; ils alloient à quatre pour
cent par mois.

Aufidius, possesseur de grands Domaines, *dives agris*, donnant son
argent à quatre pour cent par mois,
prélevoit par avance, l'intérêt sur le
capital. Scaptius, Créancier de la
Ville de Salamine, en exigeoit un
intérêt excessif. Pompée touchoit tous

*Tacitus,
Annal. libr.
6.*

*Horat.
libr. 1, Sa-
tyr. 9.*

les mois, fur les impofitions extraordinaires de la Cappadoce, trente-
trois talents Attiques, & ce n'étoit
pas même l'intérêt de fon argent.
Outre les richeffes immenfes qu'il
avoit apportées de l'Afie, après la
guerre contre Mithridate, le feul
argent monnoyé montoit à dix-fept
mille cinq cents cinquante talens;
ce qui, à mettre le talent à cinq cents
écus, fait 26,325,000 livres.

Brutus, ce Défenfeur & Victime
tout à la fois de la Liberté Romaine,
étoit un très-grand Ufurier : il prêtoit
fon argent à gros intérêt au Roi
Ariobarzane.

Appius, Prédéceffeur de Cicéron
dans le Gouvernement de Cilicie,
n'avoit rien laiffé que ce qu'il n'avoit
pu emporter. D'autres Tyrans, en
fous-ordre, avoient achevé la ruine
du Pays. Quel gain Pifon n'avoit-il pas
fait fur les bleds ? *Quis tibi modus
frumenti honorarii.*

L'efprit fuit le cœur. La dépravation des mœurs empêchoit ces
hommes fi avides d'appercevoir les
avantages qui réfultent de l'Agri-

Cic. ad Attic. libr. 5, Epift. 21.

L'Abbé Mongault. Voyez fur la 6 Lettre au liv. 2 à Atticus.

Cicero ad Attic. libr. 6, Epift. 3.

Idem.

Cicero pro Sexto, in Pifonem.

E ij

culture, ce grand principe de vie du corps Politique. Ils ne vouloient pas attendre la renaissance annuelle des fruits, la terre ne pouvant leur restituer qu'une fois l'année, les avances qu'ils lui auroient faites. La cupidité ne s'accommodoit pas des lenteurs d'une végétation fructueuse, mais sujette au dérangement des Saisons. Les Ides, échéance du paiement des intérêts, contentoient, chaque mois, la passion du profit des usures ; ils ignoroient qu'il n'est nul genre de revenu plus juste que celui qui nous vient de la fertilité de la terre, de la température de l'air & de l'ordre des Saisons : *Nullum justius genus reditus quàm quod terra, cœlum, annus refert.*

Plin. junior, libr. 9, Epist. 32.

Les Gouverneurs de Provinces tiroient de grosses sommes des Villes riches, pour les exempter du logement des Gens de Guerre. Les Grands vendoient bien cher leur protection aux Villes & aux Rois mêmes : *Reges & Populos liberos nobilibus vectigal pendere.* Ce prétendu Protectorat leur présentoit, chaque jour, l'occasion de

Salust. in Jugurth.

parvenir à l'opulence, sans les risques & sans les soins d'une récolte. En un mot les Romains, depuis l'époque de la dépravation des mœurs, n'ayant connu que d'iniques moyens pour acquérir des richesses, négligèrent les seuls légitimes moyens de s'enrichir, le Commerce, les Arts & surtout l'amélioration de l'Agriculture; maîtres des dépouilles de l'Univers, ils parvenoient facilement, par les métaux, à toutes les jouissances, s'embarrassant peu de la fortune lente des travaux champêtres.

Les distributions publiques nuisirent beaucoup à la Culture des Champs. Les Tribuns, mauvais Citoyens, (*Turbatores Plebis*) établirent l'usage de distribuer du bled au Peuple, qu'ils vouloient s'attacher, & le rendre, à son insçu, complice de leurs mauvais desseins. Si le bled haussoit de prix, un esprit de domination sourde se donnoit alors un faux air de zéle pour le bien public; mais le Sénat découvroit à travers ce prétendu motif, des vues dangereuses; ce qui causa la perte des Gracques.

Tacitus; Annal. libr. 3.

Paterculus. Ce fut C. Gracchus qui le premier donna l'exemple de ces diftributions, abolies dans la fuite , puis rétablies par Apuléius (63). Ces largeffes fuppofoient ordinairement le paiement *Manutius.* du tiers ou de la moitié du prix, par ceux à qui on faifoit des livraifons en grains ; ce qui étoit très-onéreux à l'Etat, comme l'obferve Cicéron (64). Le Tribun Clodius ofa rendre ces diftributions prefque gratuites. Pour remplir le vuide des fommes forties du tréfor , & employées à l'achat des grains, on foula les Habitans de la Campagne. On forçoit l'Agricole à vendre fort au-deffous de fa valeur , le froment appellé *Emptum.*

La pareffe d'une foule de Citoyens, qui fe refufoient aux travaux des Champs, fut une fuite de ces lar-

---

(63) Frumentum plebi dare C. Gracchus inftituit. *Paterc. Libr.* 2 , *Cap.* 6. Sempronia lex de frumento pauperibus , femiffibus & trientibus diftribuendo jubebat. *Manutius, de Legib. Rom. p.* 165.

(64) Illa concionalis hirudo ærarii , mifera ac jejuna plebecula. *Cicero ad Attic. Libr.* 1 , *Epift.* 16.

geſſes. On pouvoit vivre ſans travailler ; on ne travailloit pas pour vivre ; auſſi voyoit-on fondre dans la Ville des bandes de Fainéants (65), qui venoient y jouir de leur pareſſe, & préférer à des exercices fatiguants une agréable oiſiveté. Ils ne demandoient que du pain & des Spectacles, *panem & Circenſes*, au lieu d'aller exercer leurs bras ſur les Guérets (66). De là le mécontentement de la Populace, qui témoigna plus d'une fois de la répugnance à ſortir de Rome, quand on ordonnoit qu'il ſeroit formé une nouvelle Colonie ; c'eſt qu'il falloit alors céder à la néceſſité du travail, & défricher, pour vivre, les terres incultes du nouvel Etabliſſement. Auguſte qui, dans la ſuite, ſentit le dommage que ces

Varro.

Saluſt. in Jugurth.

---

(65) Nunc intra murum ferè omnes patres familiæ irrepſerunt, relicta falce & aratro, & manus movere maluerunt in Theatro ac Circo, quàm in ſegetibus & vinctis. *Varro, Libr.* 2.

(66) Frumentationes publicas in perpetuum abolendi quòd carum fiducia Cultura agrorum ceſſaret. *Sueton. in Octav. Aug.* . Publicis largitionibus excitata plebs Urbanum otium ingrato labori prætulerat. *Saluſt.*

diſtributions abuſives cauſoient à la Culture, en abólit le pernicieux uſage. Telle fut la double influence de l'Agriculture ſur les Mœurs, & des Mœurs ſur l'Agriculture.

TROISIÈME PARTIE.

ÉTAT DE L'AGRICULTURE,

relativement au Commerce.

L'AGRICULTURE & le Commerce font des Arts si dépendants l'un de l'autre, qu'ils ont en quelque forte, une exiftence commune; feparez-les, ils languiffent; vous ne les verrez jamais fleurir. L'Agriculture avec fes productions, nourrit le Commerce; & celui-ci l'invite, par la confommation, à créer les matières d'une confommation nouvelle.

Pour connoître le rapport entre le Commerce des Romains & leur Agriculture, & terminer avec précifion ce que j'ai à dire fur leur influence mutuelle, il eft effentiel d'examiner préalablement, quel fut leur Commerce. La queftion ne peut être réfolue que d'après cet examen.

Nous ne connoiffons que deux fortes de Commerce. Le premier eft un échange de chofes ufuelles, entre des Particuliers, lequel roule principalement fur le néceffaire phyfique, fans vues générales, & fans une grande importance. C'eft un trafic de proche en proche, une fimple mercantille.

Le fecond eft le Négoce en grand, cette fcience pratique, ce fyftême raifonné, qui par le double avantage de l'importation & de l'exportation combinées avec intelligence, enrichit tout à la fois le Négociant & la Patrie; qui remue avec tant d'activité les bras des Habitants de la Campagne; qui donne tant de prix aux productions brutes & informes de la Nature, mais embellies & appropriées à l'ufage de l'homme; qui lie enfin l'importance de l'Induftrie aux deftinées d'un Empire.

Les Romains n'ont jamais fait cas du Commerce. Leur inftitution primitive étoit fondée fur la Culture & le Métier des Armes. Ces deux Profeffions étoient les feules ennoblies dans l'idée de cette Nation. Quant à la Marchandife, dit Cicéron, celle qui se fait en détail, a quelque chose d'avilissant, *si tenuis, sordida putanda est.* Pour celle qui roule sur un grand trafic, on ne sçauroit absolument la blâmer, *sin magna & copiosa, non est ad modum vituperanda.* Il semble que Cicéron demande grace pour elle. Le Marchand, suivant Plaute, n'avoit nulle considération dans le monde : *Sordidi etiam putandi qui mercantur.*

Cicero, de Offic. libr. 1, cap. 42.

La Loi Claudia défendoit aux Sénateurs tout trafic, comme une occupation qui faisoit tort à la dignité Sénatoriale (67). On ne leur permettoit même qu'un Bâtiment du port de trois cents amphores, pour transporter de leurs Campagnes voisines de la Mer, leurs propres denrées.

Rivallius.

Quoique les Romains n'ayent jamais entendu l'intérêt général de la Nation, relativement au Commerce,

---

(67) Ne Senatus, quique Senatoris pater fuisset, Maritimam navem quæ plus trecentarum amphorarum esset, haberet; id satis esse ad fructus ex agris vehendos creditum est; nam quæstus omnis patribus visus est indecorus. *Rivallius, fol. LXXXVI.*

ils ont toutefois exercé un certain trafic fur terre & fur mer. Argyrippe, dans l'*Afinaria*, dit à fa Maîtreffe : « Le gain que j'ai fait en courant les » Mers, eft fondu dans votre Maifon »; *nam quæ in mari repperi, hîc clari bonis.*

Dès l'an 259, le Collége ou Corporation des Marchands, fut établi à Rome. Avant cette époque, fous le Régne de Tullus Hoftilius, les Marchands Romains fréquentoient les Marchés. Mercure étoit leur Divinité Tutélaire. C'eft l'attribut qu'il s'arroge lui-même dans le Prologue de l'*Amphitrion*. En 578, on éleva trois Arcades dans le *Forum*, ou Place Romaine, pour mettre à couvert les Banquiers & les Marchands, dont le *Forum* étoit le rendez-vous. C'étoit ce que nous appellons la *Bourfe* dans nos Villes Commerçantes. Les Gens d'affaires y trouvoient de l'argent par l'entremife des Banquiers, *Trapezitæ.*

Le prêt ordinaire étoit un pour cent par mois, *unciarium fœnus*. On fit bien quelques Loix pour le réduire à la moitié, mais les Banquiers qui refusèrent de prêter, firent fléchir la Loi. Les opérations Mercantilles étoient donc plus coûteuses par le haut prix de l'argent. Les marchandifes devoient être vendues plus chèrement. Les ventes ayant bien moins d'activité, le Commerce ne pouvoit profpérer.

Tel étoit le procédé ordinaire pour les paiemens. L'échéance, comme nous l'avons déjà obfervé, tomboit au jour des Ides, *dies nominis, dies pecuniæ.* Ceux qui achetoient à crédit, *emere ad diem,* ftipuloient divers termes, *dies annua, bima, trima,* un terme d'un, de deux, de trois ans. Les Capitaliftes dépofoient chez le Banquier, leur argent, pour le faire valoir. Hégion, dans la Comédie des Captifs, dit à Tyndare : « Suis moi » chez le Banquier; il te fera toucher » la fomme néceffaire pour le rachapt » de mon fils ». Cicéron payoit fes Créanciers avec des Affignations, *perfcriptiones,* fur les Gens d'affaires qui négocioient avec fon argent. Il fe formoit quelquefois des Sociétés

Plautus, Aĉtus 1, *Scena* 3.

Cicero ad Attic. libr. 5, *Epift.* 1.

pour des Expéditions Maritimes. Le févère Caton, dont la morale pratique n'étoit pas fi auftère, prétoit de l'argent à gros intérêt, à condition, dit l'ancien Traducteur de Plutarque, que « ces Marchands » feroient au nombre de cinquante, » & qu'ils auroient autant de Navires ; & lors il entroit dans la » Société pour une partie feulement, » laquelle il faifoit manier par un » de fes Serfs affranchis ; par ainfi, » ne mettoit-il pas tout fon argent » au hazard de la Fortune, ains une » petite partie de fon fort principal, » & en tiroit bien gros profit de » l'ufure ».

Amyot, Vie de Marcus Cato.

Je ne vois pas que ces Marchands connuffent dans leurs opérations, les Contrats d'affurance, fi utiles au Commerce, & dont l'objet eft d'atténuer & de réduire en parties divifées, la maffe d'une perte qui fe rejette fur le grand nombre, & dont le poids total écraferoit un Particulier. Le Trafic, dans tous les Pays, a donné lieu à l'établiffement des Douanes, *Portoria.* Il y avoit chez les

Romains, des Bureaux où s'acquittoient les droits fur les Marchandifes. Il fe commettoit bien des malverfations, dans les opérations Fifcales. La cupidité eft pour un Etat un fléau des plus funeftes, lorfqu'elle fait le mal, au nom même de l'Etat. On trouve, au fujet des Douanes Romaines, un curieux détail dans le fçavant *Traité concernant les Marchandifes chez les Romains.*

M. Bouchaud, de l'Acad. des Inf. & B.L.

Les Bâtiments de la Marine Romaine, affez groffièrement conftruits, & peu folides étoient, communément, de bois d'aulne, de pin; &, dans les derniers temps, de pin du Royaume de Pont (68); les mâts étoient de cyprès. Ces Bâtiments devoient être d'un petit gabari, puifqu'on les mettoit à fec fur le rivage, au temps de l'Hiver, pour les lancer à l'eau, au retour du Printemps (69). Le

Horatius, Virgilius, Lucanus.

---

(68) Non hùc contendit remige Pinus.
         Horat. Libr. 2, *Ode* 13.
Pontica Pinus Sylvæ filia nobilis.
         Idem, Libr. 3, *Ode* 2.
Nec nautica Pinus
Mutabit merces.   *Virgil. Bucolic. Eclog.* 4.
Et fluctibus aptior Alnus.   *Lucanus, Libr.* 3.

(69) Trahuntque ficcas machinæ carinas. *Horat.*

Commerce étoit donc dans l'inertie, durant la mauvaise Saison. On ne pouvoit donc former ces grandes entreprises qui demandent autant d'activité que de continuité.

J'ose hazarder une conjecture qui ne peut être qu'un simple apperçu. Les Navires partis du Port d'Ostie, pour aller faire un chargement dans les Pays Etrangers, s'y tenoient à l'ancre, en attendant la belle Saison. Horace, qui console Astérie, lui dit : « Ne vous affligez pas de l'absence » de Gygès, votre époux. Les vents » favorables qui soufflent au Prin- » temps, le raméneront enrichi du » Commerce de Bythinie ». Il ne s'agit pas ici d'un homme nourri dans la molesse, lequel redoute la Mer, & ne veut s'embarquer qu'aux beaux jours, mais d'un Marchand qui, dans la crainte de perdre sa Cargaison dans un naufrage, aime mieux différer son retour, & gagner moins, à cause du retardement.

Quelle fut l'époque du Commerce Maritime chez les Romains ? Le
fçavant

Horatius, libr. 2, Ode 16.

Horatius.

fçavant Huet croit qu'ils s'y appliquoient dès le temps de leurs Rois. En effet, après l'expulfion de Tarquin, & fous le Confulat de Jun. Brutus, la Republique fit avec les Carthaginois un Traité, qui portoit que les Marchands Romains, qui aborderoient à Carthage, ne payeroient aucun droit, à l'exception de ce qui feroit donné au Crieur & au Scribe; mais que ni les Romains ni leurs Alliés ne pourroient naviger au-delà du beau Promontoire. Voilà déjà des Loix prohibitives. Suivant un autre Traité fubféquent, les Romains ne pouvoient trafiquer, ni faire des Etabliffements fur la Côte d'Afrique, au-delà du même Promontoire. Il faut conclure de là 1º qu'avant l'époque du premier Traité, c'eft-à-dire fous les Rois de Rome, on connoiffoit déjà le Commerce Maritime, du moins, de proche en proche; car on commence toujours par naviger de près en près, avant que de hazarder une navigation lointaine. 2º Qu'Ælius Donatus, dans la *Vie de Térence*, s'eft trompé, quand il a dit qu'il n'y avoit

F

Hift. du Commerce. Eait. de Lyon 1763. p. 123.

Polyb. libr. 3, cap. 5.

eu aucun Commerce entre les Peuples d'Italie & les Afriquains avant la ruine de Carthage, *nullo Commercio Italicos inter & Afros, nisi post deletam Carthaginem cæpto.*

L'observation du célebre Auteur de l'*Esprit des Loix*, n'est pas plus exacte. « On n'a jamais remarqué aux » Romains de jalousie sur le Negoce. » Ce fut comme Nation rivale & non » comme Nation commerçante qu'ils » firent la guerre aux Carthaginois ». Il est vrai que la passion de dominer par tout, fut le grand mobile des Guerres Puniques ; cette idée étoit la seule qui tint le plus de place dans leur esprit ; mais il n'est pas moins vrai que l'intérêt du Commerce n'y fut pas oublié. Le Consul Marcius, ayant annoncé aux Carthaginois la destruction de leur Ville : « Vous » devez, leur dit-il, vos malheurs » aux richesses immenses acquises » par le Commerce ; en temps de » Paix même, n'avez-vous pas pillé » nos Marchands » ? On voit ici que la République faisoit entrer en con‑sidération le Commerce qui avoit enrichi les Carthaginois leurs rivaux, & les dommages que les Marchands d'Italie avoient souflerts de leur part.

Je ne sçaurois me persuader que l'acharnement des Romains pour la conquête de la Sicile, ne fût qu'un pur motif de rivalité, entre eux & les Carthaginois. Ils envisageoient les uns & les autres, les grands avantages qu'ils pourroient tirer de la proximité d'un Pays riche & fertile (70). Si la Sicile eut été une Contrée stérile & réprouvée de la Nature, ni les uns ni les autres ne s'en fussent occupés. On n'a jamais eu la folie de conquerir des Deserts & des Rochers. *Florus.*

Le Commerce des Romains, comme chez tous les Peuples Commerçans, se divisoit en trois branches, circulation intérieure (*circumvectio*) exportation & importation.

Il faut supposer chez une Nation policée, les Arts du premier besoin, 1° Circulation intérieure.

---

(70) Mox, cùm videret (Romanus), opulentissimam in proximo prædam (Siciliam), quodam modo Italiæ suæ abscissam, adeò cupiditate ejus exarsit. *Florus, Libr.* 2.

la Culture qui la nourrit, & les Atteliers qui l'habillent. Ces Arts ne fçauroient être concentrés en un même
lieu. Ici l'activité applique des bras
nerveux aux travaux de la terre; là
elle fournit des mains induftrieufes,
propres à façonner les préfents de la
Nature. Dans un Canton la terre eft
prodigue de certaines productions;
& dans un autre, elle en eft avare.
Il a dû réfulter de ces variétés une
communication de chofes utiles ou
néceffaires, un Commerce d'échange,
une circulation de Province en Province, & de Ville en Ville dans le
même état. L'Hiftoire ne nous a pas
confervé les détails de cette circulation intérieure pratiquée chez les
Romains. Réuniffons, s'il eft poffible,
des lueurs éparfes dans les Ecrits des
anciens Auteurs, & voyons fur quoi
rouloit cette correfpondance mutuelle entre les divers Diftricts de la
République.

Les vins de Cécube, de Maffique,
de Surrentum, d'Ammince fe répan-
doient en divers Cantons. Le bled
étoit commun fur-tout dans l'Apulie.

*Varro,
libr. 3, cap.
8. Colum.
Horat.*

Pline le préféroit à tous les grains de cette espéce, qui croissent dans les Pays Etrangers. Il fondoit cette pré-férence sur le poids du grain & sur la blancheur de la farine.

Plinius, libr. 18, cap. 7.

L'huile étoit fort rare dans le premier âge de la République ; aussi étoit-il défendu d'en répandre sur les bûchers funébres. T. Live observe que P. Cornélius Scipion étant Edile, en fit distribuer au Peuple à la solemnité des Jeux Publics qu'il célebra. Il devoit s'en faire une grande consommation, s'il faut en juger par le grand nombre de lampes à huile gravées dans le *Recueil d'Antiquités* de M. le Comte de Caylus.

Idem.

Decas 3, libr. 5.

La laine fut le grand objet de la consommation intérieure ; c'étoit la matière de l'habillement des Romains ; elle occupoit les Fileuses & les Tisserands. Dans le Pays des Tarentins, on élevoit des moutons de belle race ; on les couvroit de peaux pour les garantir contre les ronces, & les injures de l'air, *dulce pellitis ovibus galesi.* Mais ces riches toisons étoient-elles mises en œuvre avec ce

Horatius.

goût & cette perfection qui en font, pour l'opulence, le principal attrait?

Dans les Cantons à troupeaux de chévres, on faisoit de leurs poils des cappes épaisses, pour mettre à couvert du froid les Soldats & les Matelots. Le suif de ces animaux servoit à faire des chandelles.

On élevoit des Haras dans les grandes prairies, arrosées par les marais Pomptins & Satura.

Les ânes étoient plus communs que les chevaux; on s'en servoit d'ordinaire pour voiturer dans des outres les substances liquides, telles que l'huile & le vin. Il est fait mention du commerce de ces animaux, dans plusieurs Comédies de Plaute. On lit dans l'*Asinaria : Dum Mercator afferat argentum pro asinis.*

Les Etrusques s'appliquoient aux Ouvrages de Poterie, si estimés à Rome, & dont **M.** le Comte de Caylus nous a conservé les belles formes. Il y avoit à Cumes & à Velleïa des Manufactures en ce genre. « Les différents morceaux qui nous » en restent, démontrent que les

» Habitans avoient les différentes
» efpéces de poterie dont nous nous
» fervons aujourd'hui , & qu'ils
» avoient trouvé le fecret de les en-
» duire de verre ». Les Diotes, grands
vafes à deux anfes , propres à contenir le vin , venoient du Pays des
Sabins (71).

    Caylus, Vol. 5, p. 333.

    Horatius, libr. 1, Ode 2.

    Horace (Satyre première) parle
des Cordonniers; on apprêtoit donc
les peaux du gros bétail, pour avoir
du cuir.

    Il y avoit en Italie des Mines de
cuivre, *ærifque metalla oftendit venis.*
L'ufage en étoit commun. Nous en
trouvons la preuve dans la Comédie
du *Pfeudolus* ; celui-ci dit à Harpax :
« Je penfe que ce font tes rapines
» qui t'ont mérité le nom que tu
» portes, pour avoir volé dans les
» maifons les uftenfiles de cuivre ».
» Ce font ces magnifiques vafes d'or,
» dit un Poëte, qui ont banni de nos
» Temples les vafes de terre , dont
» Numa fe fervoit pour les Sacrifices,
» & les vafes de cuivre qui étoient

    Georgic. libr. 2.

    Plautus.

    Perfius , Satyr. 2.

---

(71) Voyez, *ad calcem*, la Note (*C*).

» en ufage du temps de Saturne ».
Les vafes de menage dans une habitation champètre, grands & petits, étoient de ce métal. « Je fuis convaincu, dit le Sçavant Antiquaire déjà cité, que, dans le fiècle des Romains, l'ufage du cuivre étoit général, & qu'il remplaçoit communément le fer ».

Cato De Re Ruftica.

A Noles on forgeoit des cloux, à Venafre des pelles, des tuiles, des cordes ; à Americ, & dans la Campanie, des paniers & des cabas ; à Calles, des capuchons pour les Campagnards, & bien des fortes d'outils.

Idem.

Les miroirs faits avec la pierre fpéculaire, étoient travaillés à Brindes. C'étoit un meuble à l'ufage des femmes. Properce annonce à fa Maîtreffe que fon miroir, un jour, lui mettra fous les yeux, les fillons que l'âge & l'excès des paffions traceront fur fon vifage enlaidi, *ab fpeculo rugas increpitante tibi.*

Plinius, libr. 34, cap. 12.

Entre Cumes & Naples, un terrein gras produifoit du fouffre, qu'on ramaffoit pour vendre, *in mercem legitur tomtum.*

Ætna Cornel. Severi.

Le comeſtible, en fait de fruits, de viandes & ſur-tout de porcs, venoit à Rome, d'Etrurie, de Campanie & du Picénum.

La vente des Eſclaves donnoit aſſez d'activité à la circulation intérieure. Ce Commerce honteux qui dégrade l'Humanité, puiſqu'il aſſimile les hommes aux bêtes, ſe faiſoit par des Marchands voués à ce trafic. Ils achetoient ces hommes infortunés pour les revendre en détail. L'Etat s'en faiſoit un revenu conſidérable. On donnoit au produit de cette vente, le nom d'*aurum Captivum*, *Captiva pecunia*. Les Romains, après la Conquête d'un Pays, ou la Priſe d'une Ville, privoient de la liberté une grande partie des Habitans. T. Live nous apprend que Manlius ayant ſubjugué la Sardaigne, fit paſſer à Rome les Priſonniers pour y être vendus. Les Sardes s'étant ſoulevés en 576, Tib. Sempronius, après un combat ſanglant, mit aux fers ceux qui avoient échappé au carnage ; ils furent tranſportés à Rome en ſi grand nombre, qu'on les y achetoit au plus

Panciroli Notitiâ Imper. fol. 121.

Libr. 23, *ad ann.* 537.

bas prix. De là vint le Proverbe, *Sardi venales*, pour exprimer une chose de la plus mince valeur.

Adagio- rum Eraf- mi. Verbo *Sardi.*

Cette circulation intérieure, qui Influence de ce Com- merce fur l'Agricul- ture. parcouroit les divers Cantons de l'Etat, repréfentoit, non les richeffes, mais uniquement la dépenfe de la Nation, puifqu'elle ne regardoit que le néceffaire phyfique des individus. Comme les vrais befoins font toujours bornés, cette circulation n'avoit pas plus d'étendue que ces befoins ; elle ne pouvoit donc déployer toute fa fécondité. La variété de l'Induftrie Nationale, eft pour la Culture le premier des encouragements ; fi cette Induftrie ne s'étend que fur peu d'objets, elle laiffe étouffer dans le fein de la terre, les germes de fes productions. Les Romains, fur-tout, avant l'époque de leurs grandes Conquêtes, vivoient fobrement, fim- plement, & fans idée de luxe; les Arts fe réduifoient à Manufacturer des étoffes groffières, à femer pour les Indigénes & non pour les Etran- gers. On labouroit pour vivre ; on s'en faifoit un moyen de fubfifter,

& non un moyen de s'enrichir. Les Arts, trop circonfcrits dans leur petite fphère, ne demandoient à la Culture que le moins, ne pouvant en exiger le plus; celle-ci, par une fuite néceffaire, devoit s'arrêter, n'étant point excitée par les Arts.

L'Agriculture reftoit donc dans une forte d'engourdiffement; & cette inertie devint très-préjudiciable au Commerce de circulation intérieure. En effet c'eft la terre qui eft la mère des Arts, & qui les alimente; mais fi cette mère inféconde ne produifoit les matières premières qu'en petite quantité & fans beaucoup de variétés d'efpéces, les Génies inventeurs ne pouvoient ni établir des Arts nouveaux, ni élever les anciens à un certain dégré de perfection. L'Induftrie devoit donc être ou bien foible, ou inanimée.

L'Exportation eft pour un Etat la grande fource des richeffes. Dès qu'on a du fuperflu, on gagne à l'échanger contre le néceffaire. On profite du befoin des Etrangers pour lefquels ce fuperflu devient un objet de néceffité.

Le Peuple qui n'exporte rien, est un Peuple d'indigens.

Voyons qu'elle fut l'exportation Romaine. J'interroge les anciens Auteurs, ils gardent le silence. T. Live & Denys d'Halicarnasse, qui avoient fait une étude profonde des Annalistes de la République, n'en parlent pas. Strabon, qui donne assez d'étendue aux détails Géographiques, & sur-tout à la description de l'Italie, nous en apprend bien peu de chose. Dans ce silence général, recueillons quelques légères notions.

Version Latine sans texte, par Daléchamps, libr. 4, p. 15.

On lit dans *Athenée*, que le vin qui se buvoit dans la Gaule Trans-Alpine, y étoit apporté d'Italie ou du Territoire de Marseille. Comme il n'y avoit que les riches qui en bussent, & qu'ils en tiroient même du territoire de Marseille, on doit supposer que la consommation qui venoit d'Italie en ce Pays là, ne devoit pas être fort considérable.

Strabo, Herodianus, libr. 8, N° iv.

Les Romains, habitués dans la Gaule Trans-Padane, y faisoient d'abondantes récoltes en vin, qu'ils transportoient à Aquilée, Colonie

Romaine : on en faisoit dans ce Port des cargaisons pour les Pays sans vignes, situés au-delà de la Mer Adriatique.

Sous le troisiéme Consulat de Pompée, c'est-à-dire, l'an de Rome 702, suivant les *Fastes Consulaires* de Glaréan, des Marchands Italiens exportoient de l'huile. Cette denrée étoit commune dans la partie Maritime, qui longeoit la Mer supérieure (Golphe de Venise) & dont les Ports favorisoient l'exportation.

Plinius, libr. 15, cap. 1.

Les bleds, suivant Tacite, sortoient anciennement d'Italie, & le versement s'en faisoit dans les Provinces lointaines : *Olim ex Italiæ regionibus longinquas in Provincias commeatus portabant.* J'ose assurer que cet illustre Ecrivain s'est trompé en cette occasion. On verra bientôt que la République en faisoit venir de toutes parts. Comment en eut-elle exporté (72) ?

Annal. libr. 12.

Il est vraisemblable que le cuivre étoit un objet de Commerce pour le

---

(72) Voyez, *ad calcem*, la Note (*D*).

dehors, puifqu'il y en avoit des mines en Italie, & que les Uftenfiles, & même beaucoup d'Outils, étoient de cette matière. On préferoit toujours le Cuivre au Fer pour faire des crampons, lorfqu'il s'agiffoit d'attacher deux pierres l'une à l'autre.

Ici il ne m'eft plus poffible d'étendre le cercle de l'exportation Romaine. L'Hiftoire nous laiffe fans lumières fur ce fait. Eh ! fur quoi cette exportation pouvoit-elle encore rouler ? Les Manufactures qui travailloient pour la confommation Nationale, ne pouvoient donner lieu aux tranfports au dehors. Il auroit fallu, pour remplir le vuide, des Manufactures exportatrices, en faveur des Confommateurs Etrangers. Avoit-on de ces Fabriques qui puffent fournir des productions artificielles pour la confommation extérieure ? De ces Fabriques diftinguées, dans lefquelles on fçût confondre l'Art avec les matières pour les embellir ; ce qui fe préfente de plus remarquable en ce genre, c'eft la fauffe Pourpre d'Aquinum, que des gens

fans difcernement & fans goût, prenoient pour la fuperbe Pourpre de
Phénicie.

On faifoit à Padoue des couver- *Strabo,*
tures de lit, & des groffes étoffes velues *libr. 5.*
des deux côtes. Dans des Fabriques
obfcures, dont on ignore le nom, on
employoit les laines groffières du
Pays des Liguriens, lefquelles fer-
voient à l'habillement de la plus
grande partie de l'Italie ; elles n'é- *Ibidem.*
toient donc pas deftinées à l'exportation.

Cultivoit-on avec foin le lin & le
chanvre, ces plantes auxquelles nous
devons le linge & les voiles de Navires, branches de Commerce d'un fi
grand produit ? Nous fçavons que les
chemifes de toile ne furent en ufage
que bien tard (73). Le *fubucula* pour
les hommes & l'*indufium* pour les
femmes étoient de laine. Les tables *Ovidius.*
étoient fans nappes (74), quoiqu'on

---

(73) Je ne fçais, fi on trouve l'ufage du lin pour
les hommes, avant Alexandre Sévère. *Montfaucon :
Antiquités Romaines.*

(74) Acernam .. gaufape purpureo menfam perterfit.
Horat. Libr. 2, Satyr. 9.

eut des ferviettes, que chacun apportoit de chez foi, quand on étoit invité.

La fabrication des Voiles, fi néceffaire à la Navigation, étoit ignorée, ou négligée. Le préjugé de Pline le Naturalifte, à ce fujet, eft inconcevable. « Quelle audace, dit-il, &
» quel efprit de cupidité ont pu in-
» fpirer aux hommes de femer une
» plante que la main de l'Ouvrier
» prépare à recevoir les vents & les
» tempêtes. *Audax vita, fcelerum*
» *plena, aliquid feri ut ventos pro-*
» *cellafque recipiat* ». Comment Pline ne voyoit-il pas qu'une Puiffance Maritime, telle que la République, ne pouvant fe paffer de Flottes, il étoit important pour elle de tirer de fon crû, une production néceffaire à l'appareil de fes Armements. Cette vérité fortoit de la nature de la chofe. Il n'y avoit donc point d'exportation pour les toiles, puifqu'on cultivoit fi peu le chanvre & le lin.

Plinius,
libr. 19,
Proemium.

Confcriptaque vino
Menfa, nec in digitis littera nulla fuit.
Ovid. Amorum, Libr. 2, Eleg. 5.

Les

Les Romains ignoroient encore le riche Commerce qui force les mers à donner les Poiſſons en tribut à l'Induſtrie humaine. Ils ne connoiſſoient pas la méthode de préſerver de la corruption ces ſubſtances animales, avec un ſel conſervateur, & d'en faire par ce moyen une nourriture de garde & tranſportable par-tout. Cependant la Méditerranée leur offroit la matière d'une ſalaiſon abondante ; telle étoit le Thon, la Sardine, l'Anchois, le Mugil ou Muge, Poiſſons qu'on ſale de nos jours, ou que l'on confit avec de l'huile & de certains ingrédients.

L'Agriculture ſeule n'étend pas l'Agriculture ; elle doit être excitee par les conſommations au dehors ; & c'eſt à ce genre de Commerce à opérer cet effet avantageux. Les Romains étoient preſque ſans Fabriques d'exportation ; ce manque d'Induſtrie devoit eſſentiellement nuire aux productions du ſol. Qu'auroit-t-on fait de ces productions ? Elles ſeroient reſtées brutes, informes, & en pure perte pour l'Agricole. Celui-ci com-

G

bine ſon travail avec le profit qu'il doit en tirer. Le Cultivateur Romain, qui voyoit que des peines infructueuſes étoient le réſultat de cette combinaiſon, ſe courboit négligemment vers la terre, & condamnoit preſque ſes Champs à la ſtérilité. Dès-lors moins de régénérations annuelles de ces plantes que l'Art métamorphoſe en toiles ; peu de ſoins pour ces troupeaux de Campanie & de Modène, dont les fines toiſons auroient pu recevoir ce tiſſu & cet apprêt brillant, lequel ajoute à la beauté de la matière, & dont les Etrangers ſe ſeroient pourvus.

Influence de l'Agriculture ſur le Commerce.

D'un autre côté, l'Agriculture languiſſante privoit les Ouvriers des reſſources du Commerce. Quand les Laboratoires de la Nature ſont oiſifs, les Atteliers des Arts ſont nuls. Comment fourniroient-ils à l'exportation, ſi le ſol leur en refuſe la matière.

3ᵉ Importation.

L'Importation améne dans un Pays l'abondance des autres Contrées. Ce Commerce eſt extrêmement avantageux, pourvu qu'il ſe faſſe par l'échange du ſuperflu National. Mais il devient ruineux pour un Etat qui n'exporte rien, ou dont l'exportation ne peut être l'équivalent des choses importées.

Quelle affluence de Denrées & de Marchandises transportées à Rome, & dans le reste de l'Italie, par les Nationaux & par les Etrangers!

1° Les grains, dont les chargemens continuels se faisoient dans les Isles de Sardaigne & de Sicile, dans la Bétique, en Egypte & en Afrique ; c'etoit de cette dernière Contrée qu'on tiroit encore les Bêtes fauves, qu'on faisoit combattre les unes contre les autres, ou contre les Gladiateurs.

Horatius, libr. 3, Ode 3, libr. 2, Ode 4.
T. Livius, libr. 2.
Plin. in Panegyr. Trajani.
Varro, libr. 1, cap. 41. Libr. 3, cap. 13.

2° L'Espagne, si féconde en productions (75) de diverses espéces, fournissoit du vin, du miel, de l'huile, du vermillon, du plomb, de l'acier, des toiles de Sétube, du *Garum*, espéce de saumure composée avec les intestins du *Garus*, maquereau.

Justinus.

---

(75) Adeo ut non ipsis tantùm incolis, verùm etiam Italiæ urbique Romanæ cunctarum rerum abundantiam suppetat. *Justinus, Libr.* 44, *Cap.* 1. & 3.

3° Le fer venoit de l'Isle de Lipare. Le Poëte Callimaque suppose que Diane alla chercher dans cette Isle les Cyclopes occupés à forger une masse ardente sur l'enclume de Vulcain.

4° Il venoit de la Gaule des laines, des habillements tout faits, des draps serrés, épais & bons contre le froid & la pluie, des chiens pour courir le liévre, des chevaux de bât & des chevaux de main, des viandes salées en très-grande quantité, des fromages de Nîmes & des cuirs. On rapporte à ce sujet qu'un Bâtiment Gaulois, chargé de cette marchandise, ayant fait naufrage à l'embouchure du Tibre, *Ostia Tiberina*, un Poisson d'une énorme grandeur (Orca) attiré par l'odeur des cuirs, s'en nourrit pendant quelques jours, mais que les flots l'ayant poussé sur la vase, il y échoua & fut tué.

5° On tiroit de Tyr les beaux draps de pourpre (76). L'habille-

Hymne 5° Traduct. de M. du Theil.

Strabo, libr. 4. Ovidius, libr. 3. Métamorp. Horat. lib. 2, Ode 4. Columella. Plautus, Aulularia, Actus 3, Scena 5. Hist. Natur. Veterum. Petropoli, 1767, p. 41.

Tibullus. Ovidius.

(76) Sive erit in Tyriis, Tyrios laudabis amictus. *Ovid. de Arte Amat. Libr.* 2.
Illa gerat vestes tenues quas fœmina Coa Texuit. *Tibull. Libr.* 2, *Eleg.* 4. & 6.

ment des femmes riches étoit d'une étoffe légère de l'Ifle de Cô, dans la Mer Egée.

6° Les vafes Murrhins, efpéce (77) de porcelaine extrêmement belle, fe fabriquoient chez les Parthes. La vaiffelle de la Ville de Rhofus, pote-rie eftimée, fur laquelle étoient gra-vées des feuilles de fougère, *Rhofiaca vafa mandavi … in felicatis lancibus & fplendidiffimis caniftris.* Il en venoit encore de l'Ifle de Samos; mais elle étoit fort commune. Un riche Avare, dont il eft fait mention dans la Comé-die des *Captifs*, s'en fervoit pour les Sacrifices qu'il faifoit à fon Génie, de peur que fa Divinité ne lui efca-motât un vafe de prix : *Ne ipfe Genius furripiat.*

7° Les toiles de lin de Pelufe en Egypte, & celles de Malthe, dont il fe faifoit un grand Commerce.

8° On tiroit de la Sicile, outre d'immenfes provifions de grains, des troupeaux, des peaux, des fruits & beaucoup d'autres denrées.

Proper

Cicero ad Attic. libr. 6, Epift. 1.

Plautus, Capt. 1. Actus 2, Scena 2.

Fabulæ Phædri. Diodorus Sicil. libr.

Strabo, libr. 5.

---

(77) Murrheaque in Parthis pocula cocta focis.
Propert.

G iij

9° Le fafran étoit apporté de Phrygie ; l'yvoire, des Indes ; l'encens, d'Arabie ; du vin, des Ifles de Chio & de Lefbos, *& vina Chia & Lesbia netere nobis ;* de la réfine & de la cire, de l'Ifle de Corfe & du Pays des Cérétans (la Cerdaigne) ; le beau marbre, de Paros, & d'excellent bois de conftruction, de la Bithinie.

10° On apportoit du Royaume de Pont des peaux de caftor, de l'ébène, de l'encens, des étoupes ; & de Milet, Ville d'Ionie, de beaux draps. Les Grecs débarquoient à Rome de grands paniers de fruits fecs.

11° La Mercerie Etrangère venoit de plufieurs endroits. On vendoit à Rome des lanternes de Carthage. Cuclion, dans l'*Aulularia* de Plaute, parle d'un repas que l'Avare Mégadore devoit donner, un jour de Noces. « Il nous deftine, dit Cuclion, un agneau éthique, & dont » les flancs font auffi tranfparents » qu'une lanterne de Carthage ; *ita is* » *perlucet quai laterna Punica* ».

Les Dames Romaines, dont la

tête (78) commençoit à se dégarnir, ou à grisonner, achetoient des tours de cheveux apportés de la Germanie & de la Belgique, & une certaine composition ou essence pour peindre les cheveux, du fard composé de la terre de Chio & de Sélinonte, pour blanchir la peau, & les excréments du Crocodile terrestre (*Cordylus*), lesquels rendoient le teint éclatant & uni (79).

Ovidius.

Martial.

12° Enfin on débitoit de l'ellébore d'Asie, de l'huile ou essence de Nard, plante des Indes, & dont l'odeur étoit si agréable; de menus Ouvrages de Bythinie, en fer, en acier, en or & en argent, que les Asiatiques travailloient avec une propreté recherchée.

Horatius, libr. 1, Satyr 5, libr. 1, Ode 10. libr. 4, Ode 11.

Notes de Sanadon sur Horace.

---

(78) Nunc tibi captivos mittet Germania crines.
Ovid. Amorum, Libr. 1.
Emptâ merce .. & melior vero quæritur arte color.
Idem, Libr. 3.
& mutat latias spuma batava comas.
Martial. Libr. 8, Epigr. 33.

(79) Colorque ..... stercore fucatus Crocodili.
Horat. Libr. 5, Ode 12. Voyez les Notes de Dacier sur ce sujet.

Le détail dans lequel je fuis entré, ne doit pas être regardé comme une ennuyeufe nomenclature des objets qui n'intéreffent qu'un Négociant; j'ai cru ce détail indifpenfable. Il s'agiffoit de donner une idée exacte du Commerce de l'importation ancienne. On ne peut connoître parfaitement un tout que par le développement de fes parties; & c'eft de ce point là qu'il falloit partir, pour trouver la caufe de l'influence réciproque entre l'Importation & l'Agriculture chez les Romains.

Si l'on met en parallèle l'importation Etrangère dans les Ports d'Italie & l'exportation Romaine, on eft frappé du fpectacle impofant que celle là prefente par la grande variété des objets importés, tandis que celle-ci ne pouvoit maintenir par fes échanges la balance égale. Les Romains ne pouvoient payer les marchandifes du dehors qu'en marchandifes de leur crû, ou en efpéces. Leurs Manufactures, comme nous l'avons déjà obfervé, n'étoient prefque toutes que pour les confommations du de-

dans, encore n'etoient-elles pas suffi-
fantes ; ils n'avoient pas même la
maffe de fubfiftances pour vivre, fans
avoir recours au dehors. L'Italie,
felon Tacite, ne pouvoit fe paffer
des reffources étrangères (80). Cet
inconvénient n'étoit pas nouveau,
il étoit bien antérieur au fiécle de
Tacite. Il falloit donc acheter &
payer en argent, foit à Rome, foit
dans les Pays lointains, où les Nationaux alloient trafiquer. Quelle
étoit la fuite de ces opérations Mercantilles ? Non-feulement la maffe des
richeffes de l'Etat n'en recevoit aucun accroiffement ; mais l'Etat fe
ruinoit par le verfement de l'argent
en des mains étrangères. Le numé-
raire diminuoit à chaque Traité entre le Marchand Romain & le Négociant Forain. Les efpéces, ce figne
repréfentatif de la valeur des chofes,
s'échappoient par une infinité de canaux, pour s'engloutir dans l'abyme
creufé par une importation, qu'on

______

(80) Italia externæ opis indiget. Vita Populi Ro-
mani per incerta maris & tempeftatum volvitur. *Tacitus*, *Annal. Libr.* 3. N° 54.

ne pouvoit balancer avec un équivalent d'echanges en marchandifes indigénes. La preuve de cette rareté *Plinius, libr. 18, cap. 3.* d'argent, eft établie fur le prix du comeftible, qui fe trouvoit réduit affez fouvent à la plus mince valeur. Lorfque le Conful Métellus, vainqueur des Carthaginois en Sicile, reçut les honneurs du Triomphe, on avoit pour un as (81), le Conge de vin. Dix livres d'huile ne coutoient pas plus ; même prix pour trente livres de figues féches, ou pour douze livres de viande. L'Edile Manlius Marcius, & Trébius après lui, taxèrent à un as, le *modius* de froment.

Influence de ce Commerce fur l'Agriculture. Le prix des denrées du Pays, affoibli par la rareté de l'argent & par l'abondance des denrées Exotiques, privoit le Cultivateur du gain qu'il pouvoit fe promettre de fon travail. Dès-lors il renonçoit à un fuperflu

---

(81) L'As revient à dix deniers de notre monnoie... Le Conge étoit la huitième partie de l'Amphore, laquelle avoit un pied cube en tous fens, & contenoit le poids de 80 livres de liquide, de forte que le Conge devoit contenir le poids de dix livres. *Differt. de M. Dupuy, Secrét. Perpét. de l'Acad. des Infcript. & B. L. Vol. 27, Recueil de la même Académie.*

fans valeur. Son terrein , quelque fertile qu'il fût, lui auroit nui par fa propre fécondité. Plus la denrée fe foutient, plus elle eft cultivée , & plus on la multiplie. L'Agricole la néglige à mefure qu'elle s'avilit : *Agri-* *colam annonæ caritas erigit.*

Seneca de Beneficiis.

Les grains, les laines, les peaux, le chanvre & le lin, fi néceffaires à la Société , fe trouvoient en concurrence avec les mêmes objets importés ; concurrence qui partageoit les bénéfices & les mettoit au rabais, fur-tout pour les Nationaux. Il en réfultoit donc une perte réelle pour ces Agricoles, toujours dans l'incertitude de fe ruiner ou de ne pas faire un profit honnête; tout les difpenfoit des foins néceffaires à l'amélioration de leurs fonds.

L'Agriculture Romaine, dans l'état où nous la repréfentons , eut , au grand préjudice de l'Etat, la plus heureufe influence fur l'importation qui venoit du dehors ; & d'abord elle étoit infuffifante aux premières néceffités, puifque l'approvifionnement des grains venoit d'Outre-Mer ; elle

Influence de l'Agriculture fur ce Commerce.

ne donnoit pas même aux Arts de quoi s'exercer pour remplir les besoins secondaires. Elle laissoit par là verser sur l'Italie toutes les productions de l'Univers. Le Cultivateur découragé, favorisoit par son inaction, la Culture Etrangère qui venoit remplacer la Culture Nationale par la surabondance de ses ventes; il abandonnoit aux autres Nations le soin de semer & d'entretenir leurs Fabriques, pour les besoins de la République; il donnoit ainsi au Commerce Etranger tout le ressort qui portoit au plus haut dégré ses ventes & ses bénéfices. Ainsi l'influence d'une Agriculture languissante, sur l'importation, quoiqu'influence passive, produisoit un effet bien réel en faveur de cette même importation. Les Romains, jusqu'au siécle de Jules César, ne sçurent ni animer l'Agriculture par le Commerce, ni soutenir le Commerce par l'Agriculture.

Littus sterili versamus aratro.
Juvenal. Libr. 3. Satyr. 7.

N O T E S.

M. Capmartin s'appuye fur un paffage de D:nys d'Halicarnaffe, qui dit, page 57 de l'Edition que j'ai déjà indiquée, qu'un Roi d'Albe, nommé *Alladius*, dont le Palais étoit fur les bords du Lac Albain, périt fous les ruines de ce Palais renverfé par une inondation furieufe. D'où l'Auteur moderne conclut que l'Ouvrage dont il eft queftion, n'étoit pas de ce temps-là. Mais s'enfuit-il que les Romains n'ayent pas fait cet Ouvrage, dans l'intervalle des fiécles qui fe font paffés depuis la Fondation de Rome, jufqu'au Régne des Empereurs ? L'attention des premiers Rois de Rome fe porta principalement fur les travaux ruftiques. Peut-on croire qu'ils euffent abandonné aux ravages des eaux des terres très-fertiles, & qu'on eût laiffé inutiles les bras des Colons qui habitoient le Pays des Albains.

Note (*A*), pour la page 29.

Il y a plus ; T. Live éclaircit ce fait, (*Décade* 1ᵉ, *Livre* 5ᵉ). Après la déroute des Gaulois, qui avoient ravagé la Ville de Rome, les Tribuns Militaires ayant demandé qu'on tranfportât à Rome la moitié des Citoyens, Furius Camillus, Dictateur, convaincu que l'exécution de ce projet feroit la ruine de l'Etat par la féparation de fes forces, harangua le Peuple dans la vue

d'écarter ce projet ; il eſt fait mention dans
ſon Diſcours, des travaux exécutés pour
l'écoulement du Lac d'Albe. Donc cet
Ouvrage fut bien antérieur au ſiécle des
Empereurs. *Videns Bellum per quot annos,
quanto labore geſtum, nec ante cœpit fieri
quàm monitu Deorum, aqua à Lacu Albano
emiſſa eſt.* Les Dieux, *monitu Deorum,*
inſpirèrent aux Romains l'idée de pratiquer cet Emiſſaire, pour mettre le Pays à
couvert des inondations.

Note (*B*),
pour la
page 57.

Un Auteur moderne, qui vient de donner
au Public un Poëme Didactique ſur l'A-
griculture, aſſure dans ſa *Preface, pag. xlvij,*
que les Romains ne connoiſſoient pas les
Jardins d'Ornement, & qu'il paroît que
Virgile ſe propoſoit ſimplement d'écrire ſur
les Jardins Potagers.

1° Il eſt bien certain que dans les premiers âges de la République, tout étoit
dans les Campagnes, vraiment champêtre
& ruſtique. On ne s'occupoit que de la
Culture utile. Mais, les richeſſes ayant appellé les plaiſirs, on vit alors régner le goût
des amuſements, & un eſprit de recherches
en fait de frivolités & de ſenſations agréa-
bles ; & quels objets pouvoient en procurer
d'avantage que les Jardins d'Ornement ?
Des hommes à richeſſes immenſes & qui
les prodiguoient pour l'embelliſſement de

leurs Maifons de Campagne, n'auroient pas
eu l'idée d'embellir leur terrein , & de
donner à cette fuperficie une forme gra-
cieufe ? Prouvons que leur amour pour le
plaifir ne s'eft pas refufé cette fatisfaction.

2° Un Jardin d'Ornement eft un grand
efpace fur lequel les arbres , ces belles productions de la Nature, & les fleurs qui en
font le charme & la beauté , s'étalent avec
pompe. Cicéron fait mention des Jardiniers *Cicero*
Décorateurs, *Topiarii*. Vitruve parle de *Epift. ad*
Topiarium opus. « C'étoit, dit Perrault fon *Q. Fra-*
trem.
» fçavant Traducteur, une repréfentation *Vitruvius.*
» qui fe faifoit avec du buis, du cyprès, *Perrault.*
» de l'if, & d'autres arbriffeaux, taillés de
» plufieurs fortes de figures ». C'étoient des
allées & des contre-allées plantées felon les
alignements de l'Art ; telle étoit la belle
Maifon de Plaifance de Lucullus, & dont
Tibère devint poffeffeur : *Perambulante læta* *Phædrus,*
domino viridaria . . . indè notis flexibus decurrit *libr. 2,*
alium in xiftum. Peut-on douter que les *Fab. 5.*
Jardins de Lucullus, le plus magnifique, le
plus fenfuel des Romains, ne fuffent des
Jardins d'Ornement?

Pline le jeune, dans la defcription d'une *Plinius.*
de fes Maifons de Campagne, nous la re- *Libr. 5,*
préfente comme un lieu que l'Art avoit fort *Epift. 6.*
embelli : *Ante porticum xiftus concifus in plu-*
rimas fpecies, diftinctufque buxo. M. de Saci *De Saci.*
traduit : « Au-devant de la Galerie, on
» voit un Parterre dont les différentes figures

» font tracées avec du buis » : *Demiſſus indè pronu,que pulvinus cui beſtiarum effigies invicem adverſas buxus inſcripſit.* Voilà un gazon élevé, autour duquel le buis repréſente pluſieurs figures d'animaux. *Achanthus in plano mollis ac planè liquidus.* Ce devoit être un boulingrin, dont l'herbe étoit ſi fine & ſi courte qu'on ne la ſentoit preſque pas en marchant.

Martialis, libr. 3, Epigramm. 57.

Montfaucon, Vol. 3, Partie 2, p. 135.

4° Martial n'oublie pas, en parlant des Maiſons de Campagne, les allées de myrthe, de plantane, des bordures de buis tondu. Dans les *Antiquités de D. de Montfaucon,* on voit gravées des Enceintes de treillis, des Berceaux de verdure, & des Fontaines décorées.

5° Nous trouvons encore des Parterres proprement dits, c'eſt-à-dire des aires circonſcrits par du buis taillé court, *buxetum,* & dont le milieu étoit couvert de fleurs qui faiſoient un enſemble riant ; enſemble bien marqué dans une Ode d'Horace ; *tùm violalaria, & myrthus & omnis copia narium, ſpargent olivetis odorem fertilibus domino priori*;

Horatius, libr. 3, Ode 16.

l'*omnis copia narium* ne peut s'entendre que d'un Parterre ou aſſemblage de fleurs réunies en un même lieu.

6° L'obſervation de Pline au ſujet de Virgile, ne paroît pas exacte : *nec deterrebit quarumdam rerum humilitas; quamquàm videmus Virgilium præcellentiſſimum vatem eâ de causâ hortorum dotes fugiſſe.* J'adopte volon-

Plinius, libr. 14, Proemium.

tiers

tiers la Remarque du P. Catrou. « Pline nous *Libr* 14, *Proœmium.*
» affure que Virgile n'a pas traité des Jardins,
» parce que la matière lui paroiffoit trop
» mince. Sans doute il auroit trouvé le moyen
» de la relever & de l'embellir. C'est qu'il
» afpiroit dès-lors à la compofition de fon
» Enéïde ». Le P. Rapin ne veut pas accor- *Georgic. Libr.* 4.
der aux Anciens des Jardins d'Ornement :

> Floribus ille decor poft hac quæfitus & hortis.
> Quem tamen Aufonii Cultores, quemque Pelafgi
> Nefcivere, fuos nullâ qui lege per hortos,
> Plantabant flores, nec eas componere nôrant
> Areolis, tonsáque vias difcernere buxo.
> *Libr.* 1, *p.* 33, *Edit.* 1723.

Il cite plufieurs paffages d'Auteurs, dans
lefquels il n'eft nullement queftion de fleurs.
Mais Horace n'en parle-t-il pas (& *omnis
copia narium*) ? Virgile n'en parle-t-il point ?

> Forfitan & pingues hortos quæ cura colendi *Georgic.*
> Ornavit, canerem, biferique rofaria Pæfti. *Libr.* 4.

Caton vouloit qu'on n'oubliât pas dans
les Jardins la matière des couronnes, c'eft-
à-dire les fleurs : *Cato juffit in hortis feri
coronamenta.* (*Plin. Libr.* 21, *Cap.* 1.)

Nous voyons dans les Jardins des Anciens,
des allées d'arbres, des bofquets, des berceaux de verdure, des lits de gazon, des
boulingrins, des quarrés circonfcrits avec
du buis tondu, des paliffades dans les en-
trecollements, ou efpaces entre les colonnes : *Cic. ad* Q.
Conveftivit hederâ quâ bafim, quâ intercolumnia *Fratrem.*
ambulationis, des jets d'eau, *aquas falientes,* *Ibid.*

H

des nappes d'eau , de grandes piéces d'eau. Tout cela , difposé avec foin, n'ornoit il pas un Jardin ? Quand même il n'y eût pas eu de fleurs , ces lieux auroient-ils été fans agrément ? Les fleurs font-elles la feule beauté des Jardins ?

Note (C),
de la p. 87.

L'Auteur , qui vient d'enrichir la République des Lettres d'une bonne Traduction des Auteurs *De Re Ruflicâ* , prétend dans une Note, au fujet des vafes de terre propres à conferver le vin , que les vafes de bois , ou futailles , n'étoient pas connus des Romains. Je fçais que l'ufage général chez les Romains étoit de conferver cette liqueur dans des vafes de terre. Horace , fans citer ici d'autres Auteurs , nous en fournit bien des exemples. Mais il ne fuit pas de là que les Romains n'ayent connu en aucun temps , les futailles formées de douelles de bois & liées avec des cercles.

Libr. 5.   Nous voyons dans Strabon (*Defcription de l'Italie*), qu'on tranfportoit du vin dans des vafes de bois fur le Natifon, Rivière près de la Ville d'Aquilée, Colonie Romaine.

Ibid.   Les Romains habitués dans la Gaule Cis-Alpine , fertile en vin , le confervoient dans de grandes tonnes de bois. Pline vient à l'appui du témoignage de l'ancien Géogra-

Libr. 14, phe : *Magna ex collecto jam vino differentia in*
cap. 21.   *cella. Circa Alpes ligneis vafis condunt circulif-*

que cingunt. Les Romains, fur-tout après l'invafion de la Gaule Cis-Alpine, ne purent ignorer cette manière de ferrer le vin.

Dans les *Antiquités de D. Montfaucon,* on voit un bateau chargé de vaiffeaux remplis, de la même forme exactement que nos barriques. On y diftingue les cercles & les douelles. L'Auteur ajoute : *De fequenti navicula quam duo milites doliis ligneis onerant, vino, ut videtur, plenis.*

Vol. 4, p. 217.
Planche 35.

L'AUTORITÉ de Tacite femble contredire ce que nous avons établi. Mais un fimple argument, tiré d'un fentiment contraire, ne détruit pas des témoignages authentiques. D'ailleurs on a reproché à l'illuftre Ecrivain, quelques erreurs en fait d'Hiftoire. Il eft bien probable qu'il s'eft trompé en cette occafion.

Note (*D*), de la p. 93.

1° Aucun des Auteurs qui ont vécu du temps de la République, n'a fait mention de cette Exportation de grains, d'Italie dans les Pays Etrangers. Ils parlent prefque tous de l'importation de cette denrée en Italie, & jamais de l'exportation. Pline le Naturalifte, qui vivoit fous le Régne de Vefpafien, dit bien qu'il fut un temps auquel l'Italie fe fuffifoit à elle-même pour les fubfiftances de première néceffité ; mais il ne va pas plus loin.

H ij

2° Nous lifons dans l'*Abrégé de Florus*, que la République étoit fans Territoire , *quippe cui Patrii foli gleba nulla , fed ftatìm hoftile Pomœrium.* Ceci eft certainement une exagération , puifque Romulus , fes Succeffeurs & même les Confuls avoient donné aux Citoyens des terres à cultiver ; mais, pour réduire à leur jufte valeur les expref-fions de l'Abbréviateur, reftreignons-les à ce que dit Eutrope : *Cum adhuc Roma vix ufque ad decimum quintum milliarium poffideret (Libr. I. Nº 8). Iter trium horarum,* ajoute le moderne Editeur. (*Lugd. Bat.* 1762, *in-8°*). Comment dans un fi petit efpace de terrein , où il y avoit du bois , pouvoit-on femer pour les Nationaux & pour les Etrangers lointains , *in longinquas Provincias.*

3° Les Romains furent prefque toujours en guerre, puifque le Temple de Janus ne fut fermé que trois fois dans l'efpace de 700 ans. *Aufus tandem Cæfar Auguftus, DCC, ab urbe conditâ, anno, Janum geminum claudere, bis ante feculum fub Numa Rege & victâ primùm Carthagine.* Après cette première Guerre Punique (*ad ann.* 243) le Temple de Janus fut ouvert prefque auffi-tôt qu'il eut été fermé : *Peracto Punico Bello fecuta eft brevis fanè requies.. fed ftatìm porta Jani fine mora patuit.* Cette guerre avoit duré 24 ans. Celle contre les Samnites , vers l'an 420 , ne finit qu'après 22 ans. Les Romains & les

Ad ann. 245.

Florus , libr. 3.

Idem libr. 2.

Carthaginois ayant repris les armes, il se livra plusieurs Batailles Navales, dans lesquelles les premiers perdirent un grand nombre de Vaisseaux, & jusqu'à cent mille Hommes. Ce ne fut alors qu'une continuité de guerres sanglantes, jusqu'aux jours qui virent Auguste s'élever un Trône sur les débris de la Liberté Romaine. Pouvoit-on concilier les opérations d'un Commerce extérieur avec le tumulte des Armes, & les ravages des Etats au Midi, au Couchant, à l'Orient ? *Diodor. Sicil. libr. 23.*

4° Ce n'eût pas été chez les Ennemis que les Romains auroient fait des Importations. Et quelles Importations encore ? des matières de première nécessité; mais l'Histoire nous apprend que les matières venoient à Rome, de l'Etranger & des Pays où elles étoient communes. Un transport de ces denrées dans la Gaule, n'eût pas été lucratif pour les Romains. Strabon nous dit que cette vaste Contrée étoit très-fertile en froment & en autres subsistances. *Strabo, libr. 4.*

5° Une Importation en Espagne n'eût pas été plus utile, puisque les Peuples de ce Pays fécond, faisoient dans le même genre un trafic d'Exportation très-considérable chez les Romains même. On ne supposera pas que cette Importation Romaine se fît en Egypte, en Sicile, en Sardaigne, en Afrique, Pays qui étoient d'immenses gre- *Idem. Justinus.*

niers. Qu'elle devoit donc être la marche de ces transports de grains dont parle Tacite, *in Provincias longinquas*, & quel en eût été le but ?

Littus sterili versamus aratro.
Juvenal. Libr. 3 ,*Satyr.* 7.

FIN.

dit Ouvrage fera faire dans Notre Royaume, & non
ailleurs, en bon papier & beaux caractères, que
l'Impétrant fe conformera en tout aux Réglemens
de la Librairie, & notamment a celui du 10 Avril
1725, a peine de déchéance de la préfente Permiffion ; qu'avant de l'expofer en vente, le Manufcrit
qui aura fervi de copie a l'impreffion dudit Ouvrage, fera remis dans le même état où l'Approbation y aura été donnée, ès mains de Notre très-
cher & féal Chevalier, Garde des Sceaux de France,
le Sieur HUE DE MIROMENIL ; qu'il en fera enfuite
remis deux Exemplaires dans Notre Bibliothèque publique, un dans celle de Notre Château du Louvre,
un dans celle de Notre très-cher & féal Chevalier,
Chancelier de France, le Sieur DE MAUPEOU, & un
dans celle dudit Sieur HUE DE MIROMENIL ; le tout
à peine de nullité des Préfentes : Du CONTENU def-
quelles Vous MANDONS & enjoignons de faire jouir
ledit Expofant & fes ayans caufes, pleinement &
paifiblement, fans fouffrir qu'il leur foit fait aucun
trouble ou empêchement. VOULONS qu'à la copie
des Préfentes, qui fera imprimée tout au long, au
commencement ou à la fin dudit Ouvrage, foi foit
ajoutée comme à l'Original. COMMANDONS au premier Notre Huiffier ou Sergent fur ce requis, de faire,
pour l'exécution d'icelles, tous Actes requis & néceffaires, fans demander autre permiffion, & non-obftant
clameur de Haro, Charte Normande, & Lettres à ce
contraires : Car tel eft Notre plaifir : DONNÉ à Paris
le *dix-feptiéme* jour du mois de *Juillet*, l'an *mil fept
cent foixante-feize*, & de Notre Régne le troifiéme.
Par le Roi en fon Confeil.

Signé, L E B É G U E.

*Regiftré fur le Regiftre X X de la Chambre Royale
& Syndicale des Libraires & Imprimeurs de Paris, N°
691, fol. 183, conformément au Réglement de 1723 :
A Paris ce 20 Juillet 1776.*

Signé, L A M B E R T, *Adjoint.*

De l'Imprimerie de LOTTIN l'aîné, 1777.